ALLGEMEINWISSEN TO GO

Die schnelle Art geballtes Wissen

aufzubauen

Copyright © 2020 Karsten Spohr
Alle Rechte vorbehalten.

Bibliografische Information der Deutschen Nationalbibliothek Die Deutsche Nationalbibliothek verzeichnet diese Publikation in der Deutschen Nationalbibliografie; detaillierte bibliografische Daten sind im Internet über
http://dnb.d-nb.de abrufbar

Deutsche Erstausgabe Januar 2020
Überarbeitete Version April 2020
Copyright 2020 © Karsten Spohr
Das Werk einschließlich aller seiner Teile ist urheberrechtlich geschützt. Jede Verwertung außerhalb der engen Grenzen des Urheberrechtsgesetzes ist ohne Zustimmung des Verlages unzulässig und strafbar. Das gilt insbesondere für Vervielfältigungen, Übersetzungen, Mikroverfilmungen und die Einspeicherung und Verarbeitung in elektronischen Systemen.

Autor: Karsten Spohr
Lektorat: Anja Finkenbein
Grafikdesign: Camilla Nguyen
Druck: Amazon Media EU SARL
Société à responsabilité limitée
38 avenue John F. Kennedy
L-1855 Luxemburg

Gedruckt auf alterungsbeständigem, säurefreiem Papier.

INHALTSVERZEICHNIS

Einleitung 4

Wissen vs. Bildung 5

Wie lässt sich Allgemeinwissen aufbauen und behalten? .. 8

THEMENGEBIETE

    Themen der Postmoderne 15

    Biologie 23

    Chemie 35

    Geographie 41

    Geschichte 53

    Kunst 81

    Literatur 87

    Mathematik 101

    Physik 105

    Politik 113

    Psychologie 123

    Religion (und diesbezüglich relevante
       Grundbegriffe der Philosophie) 143

    Sprache 159

    Technik 165

    Wirtschaft 173

Einleitung

Wer war noch gleich Karl der Große? Und was ist eigentlich der Unterschied zwischen dem Brutto- und dem Nettogehalt? Wer wählt den Bundespräsidenten? Diese und viele weitere Fragen werden wir in diesem kompakten Lexikon beantworten. Das essentielle Allgemeinwissen aus dreizehn Themenbereichen macht Sie fit für Schule, Beruf, Universität und Alltag. Kurz und kompakt führen wir Sie durch diese Themenbereiche und machen Sie mit dem zentralsten Grundwissen vertraut, das nötig ist, um mitreden und verstehen zu können. Dabei haben wir uns dafür entschieden, einiges, was sicher auch wissenswert ist, aber im Alltag nur selten gebraucht werden wird, auszusparen – schließlich soll das hier kein neuer Brockhaus, sondern bloß eine kompakte und leicht zugängliche Einführung sein, die Ihnen tatsächlichen Mehrwert bietet.

Wie Sie dem Inhaltsverzeichnis bereits entnehmen können, haben wir dabei großen Wert auf Aktualität gelegt. In einer sich stetig schneller drehenden Welt veraltet Wissen schnell und wird durch Neues ersetzt. Wer gerade erst verstanden hat, wie ein Klapphandy funktioniert, schaut heute angesichts der riesigen Smartphones schon wieder verdutzt. Im Kapitel „Themen der Postmoderne" widmen wir uns explizit, den Themen, die im Jahr 2020 in dieser Hinsicht relevant sind – und können damit ein Alleinstellungsmerkmal bieten, das andere Lexika, die vielleicht umfangreicher und vollständiger sind, vermissen lassen.

Wissen vs. Bildung

Wer sich den Titel des Buchs angeschaut hat, wird mit dem Schlagwort des Allgemeinwissens konfrontiert worden sein. Vielleicht hat Sie das irritiert. Wird nicht sonst eher von Allgemeinbildung gesprochen? Gibt es zwischen diesen beiden Begriffen einen Unterschied oder werden sie synonym verwendet? Und falls es einen Unterschied gibt: Macht es dann nicht mehr Sinn, an der Allgemeinbildung zu arbeiten als am Allgemeinwissen? Schließlich ist Wissen in Zeiten des Internets doch gar nicht mehr wichtig, oder?

Allgemeinbildung: Was sie ist und wieso sie so nützlich ist

Eines vorweg: Es gibt einen bedeutenden Unterschied zwischen Allgemeinwissen und Allgemeinbildung. Allgemeinbildung meint im Grunde den Grad an Gebildetsein, den ein Mensch benötigt, um sich zu einer bestimmten Zeit in einem bestimmten Kulturraum sinnvoll in der diskursiven Öffentlichkeit und Privatheit bewegen zu können. Oder einfacher: Gemeint ist der Grad an persönlicher Entwicklung, den ein Mensch haben muss, um in bestimmten kulturellen Kontexten sinnvoll mitreden zu können. Die Gebundenheit an Zeit und Kultur ist dabei schnell erläutert: Mit unserer Allgemeinbildung könnten wir weder in Nordkorea noch in Diskursen des Jahres 1399 sinnvoll mitreden. Die Ortsgebundenheit weicht dabei aufgrund der zunehmenden Globalisierung, die zu einem Verschmelzen von Kulturen führt, immer stärker auf – daher das gewählte Extrembeispiel der isolierten Diktatur, die von diesen Globalisierungsprozessen weitgehend ausgenommen ist.

Zentral für das Verständnis des Begriffs der Allgemeinbildung ist der Bildungsbegriff. Dieser wurde und wird ganz unterschiedlich definiert. Im humanistischen Sinne bezeichnet der Begriff die Entwicklung eines Menschen hin zum Menschen im eigentlichen Sinne – wer sich bildet, wird zur reflektierten Persönlichkeit, reflektiert sein Verhältnis zu sich selbst, zur Außenwelt und zu anderen Menschen. Ein Bildungsprozess ist diesem Verständnis zufolge ein Prozess der Selbstentfaltung: Bilden wir uns, entwickeln wir uns, entwerfen uns also neu und erweitern unsere Möglichkeiten. Bildung ist das Werden zu einer weniger eingeschränkten Version unserer selbst, die wir noch nicht sind. Wilhelm von Humboldt prägte in diesem Zusammenhang den Begriff des Weltbürgers: Durch Bildung, die für Humboldt wesentlich auch in der Beschäftigung mit und Aufnahme von Fremdem bestand, wird der Mensch zum Bürger, der sich in der Welt bewegen kann.

Allgemeinbildung ist damit das Maß an Selbstentfaltung und Reflektiertheit, das in der Öffentlichkeit einer bestimmten Gesellschaft gefordert ist, um Diskurse verstehen und an ihnen teilnehmen zu können. Dieses Maß an Bildung zu erreichen ist dabei eine Aufgabe, die für die breite Masse ohne größere Mühen möglich ist – schließlich bildet diese Maße die Öffentlichkeit der Gesellschaft und bestimmt damit über die Diskurse, zu denen sie befähigt sein muss.

Die Rolle des Allgemeinwissens

Nun fragen Sie sich vielleicht, wann endlich das Allgemeinwissen ins Spiel kommt. Die Rolle des Allgemeinwissens ist schnell erklärt: Wissen ist zumindest teilweise Voraussetzung für Bildung. Im luftleeren Raum kann ein Mensch sich nicht bilden, sich nicht verändern. Es braucht immer ein Gegenüber, an dem sich dieser Bildungsprozess entfalten kann. Dieses Gegenüber wiederum kann dabei in einem anderen Menschen oder in der Welt mit all ihren Gegebenheiten bestehen. Soll sich nun ein Selbstveränderungsprozess, als den wir die Bildung hier verstehen, an etwas entfalten, muss um dieses Etwas gewusst werden. Wir müssen uns mit ihm auseinandersetzen. Und damit das gelingen kann, müssen wir über Wissen verfügen, welches sich auf dieses Etwas bezieht.

Wissen ist zwar in gewissem Rahmen notwendige aber nicht hinreichende Voraussetzung für Bildung: Wer viel weiß, kann dennoch völlig ungebildet sein. Es bedarf der aktiven, bewussten und vor allem kritischen Auseinandersetzung mit dem Wissen. Allgemeinwissen legt also einen Grundstein für Bildung, macht aus einem ungebildeten aber noch lange keinen gebildeten Menschen. Es kommt also nicht nur darauf an, etwas zu wissen, sondern auch und vor allem auf die Auseinandersetzung mit dem Gewussten. Unser Buch verstehen wir daher nicht als Material zum Aufsagen von Wissen, sondern als Stein des Anstoßes einer solchen Auseinandersetzung.

Wie lässt sich Allgemeinwissen aufbauen und behalten?

Lesen Sie diese Zeilen haben Sie sich ganz offensichtlich für ein Lexikon entschieden, um Ihr Allgemeinwissen aufzubessern. Das ist einer von vielen Wegen, die Sie beschreiten können. Wir möchten in aller Kürze einige dieser Wege hin zu mehr Allgemeinwissen aufzeigen. Darüber hinaus möchten wir kurz darauf eingehen, wie Sie sich Dinge besser merken können.

Lesen

Das ist der wohl erwartbarste Tipp. Wer viel liest, verfügt in der Regel über ein recht breites Allgemeinwissen. Wieso dem so ist, ist recht einfach erklärt: Einerseits kommen wir beim Lesen ständig mit einzelnen Informationen (sowohl im Sachbuch als auch in der fiktionalen Literatur) oder gar mit ganzen Welten (in der fiktionalen Literatur) in Kontakt, mit denen wir uns eingehend befassen. Andererseits schult es uns hinsichtlich der Verarbeitung von Informationen und kann uns damit auch helfen, Wissen insgesamt leichter erschließen zu können. Die Art der Lektüre ist dabei relativ egal.

Die Rolle, die das Lesen bei der Wissensaneignung (und bei der Bildung!) einnimmt, kann kaum überschätzt werden. Nicht nur, wenn wir uns ein Buch vornehmen, sondern auch beim Blättern in Zeitungen, beim Surfen im Internet, beim Spielen mit dem Smartphone und bei etlichen anderen Tätigkeiten lesen wir – häufig ist uns das Ausmaß, welches Geschriebenes in unserem Alltag einnimmt, gar nicht bewusst.

Die Reise

Wesentlich weniger bekannt ist die Reise als Mittel zur Erweiterung von Allgemeinwissen und zur eigenen Bildung. Bei näherer Betrachtung erscheint jedoch auch dieser Weg sehr naheliegend: Reisen wir in fremde Gefilde, erwartet uns dort eine Masse an Dingen, die wir nicht kennen. Damit ergibt sich eine Vielzahl an Möglichkeiten, etwas zu lernen.

Nach Wilhelm von Humboldt ist die Auseinandersetzung mit dem Fremden einer der wichtigsten Punkte im Rahmen von Bildung: Wir erlangen neue Blickwinkel auf die Welt, wir setzen uns verstehenwollend mit anderen Kulturen auseinander und setzen uns mit Dingen auseinander, die wir nicht kennen. Darin steckt enormes Wachstumspotential – wir verändern uns, unser Verhältnis zu uns selbst und zur Welt.

Im Übrigen muss der Begriff des Fremden dabei keineswegs eng gefasst werden. Jeder Ort, an dem wir noch nicht waren, jeder Mensch, mit dem wir noch nicht gesprochen haben, jede Erfahrung, die wir schon gemacht haben, ist eine Reise im erweiterten Wortsinne wert.

Das Gespräch

Ein weiteres, vielfach unterschätztes Mittel, Wissen zu erlangen und sich zu bilden, ist das Gespräch. Hiermit ist keineswegs einfacher Small-Talk gemeint, sondern ein Gespräch, bei dem es um den Inhalt, nicht um die bloße Form geht. Mit wem auch immer Sie sich über etwas, das für Sie von Belang ist, austauschen – Sie werden irgendetwas aus diesem Gespräch mitnehmen und es wird Sie verändern. Probieren Sie es einmal aus, auch wenn es dem Zeitgeist nicht entspricht. Führen Sie ein intensives Gespräch mit relevantem Thema. Äußern Sie Ihre Meinung, argumentieren Sie, diskutieren Sie und nehmen Sie den Menschen, mit dem Sie sprechen ernst. Beobachten Sie einmal, was das mit Ihnen anstellt.

Die Medien

Dieser Tipp erscheint wieder wenig spektakulär: Nutzen Sie die Medien. Nachrichtensendungen, Zeitungen, Dokumentationen usw. versorgen Sie mit Unmengen an Informationen. Um angemessen mit diesen Informationen umgehen zu können, ist jedoch immer eine kritische Distanz nötig: Nehmen Sie nicht alles einfach hin, was Sie hören oder lesen. Achten Sie auf Ihre Quellen, beziehen Sie auch andere Quellen ein und hinterfragen Sie, was man Ihnen vermitteln möchte.

Spiele

Wissensspiele sind beileibe keine neue Erfindung. Die Möglichkeiten, die sich heute bieten, erlauben jedoch umfassende Modifikationen bekannter Formate, die den Spaß an der Sache möglicherweise erhöhen. Denken Sie dabei etwa an Apps wie „Quizduell" und Co. Hier können Sie ihr Allgemeinwissen spielerisch vergrößern und damit die Grundlage für (Allgemein-)Bildung schaffen.

Es bleibt die Frage, wie Sie sich all die neuen Dinge, mit denen Sie in Berührung kommen, merken sollen. Wir möchten hier vor allem auf zwei zentrale Punkte näher eingehen.

Interesse für den Lernstoff

Vermutlich kennen Sie es noch aus der Schule: Todlangweilige Dinge können Sie sich einfach nicht merken. Anderes hingegen, für das Sie sich wirklich interessieren, saugen Sie auf wie ein Schwamm und vergessen es auch nicht mehr. Nun wäre es wenig sinnvoll, Ihnen zu raten, sich doch einfach immer für alles ganz besonders zu interessieren. Das ist schlechterdings nicht möglich. Interessieren wir uns für alles besonders, läuft es im Grunde darauf hinaus, dass wir für nichts ein besonderes Interesse haben. Viel sinnvoller ist es, bei allen Dingen, die wir uns merken möchten, nach Bezügen zu unseren Interessen zu suchen. Denken Sie dabei ruhig kreativ; Sie werden erstaunt sein, welche überraschenden Bezüge sich zwischen den unmöglichsten Dingen herstellen lassen. Haben Sie einmal einen solchen Bezugspunkt gefunden, erscheint das, was Sie sich merken wollen, Ihnen viel relevanter, was wiederum dafür sorgt, dass Sie es sich leichter merken werden.

Mnemotechniken

Die Mnemonik ist die Gedächtniskunst. Ausflüge in Geschichte und Methoden ersparen wir uns an dieser Stelle aus Platzgründen – Sie wollen schließlich in erster Linie eine Art Lexikon des Allgemeinwissens kaufen und keine Abhandlung über Gedächtniskunst, wenngleich Sie auch aus dieser wertvolle Informationen mitnehmen und sie zum Ausgangspunkt weiterer Überlegungen machen könnten. Uns interessiert im Kontext dieses Buchs schlicht, wie Sie die Gedächtniskunst anwenden können. Nachfolgend finden Sie einige ausgewählte Methoden, mit denen Sie sich Dinge wesentlich leichter merken können.

Merksätze

Merksätze sind vor allem beim Lernen von Vokabeln, Jahreszahlen und ähnlichen Fakten sehr nützlich. Nehmen Sie die Vokabel oder den Sachverhalt, die oder den Sie sich merken wollen und bauen Sie sie oder ihn in einen Satz ein, der Bezug zum Gelernten aufweist. Der Satz darf durchaus seltsam sein – dann ist er im doppelten Sinne merkwürdig.

Ein Merksatz wie „,Caput' heißt ,Kopf'" ist wenig effektiv. Wenn Sie stattdessen den Satz „Ich schlage Hans-Dieter den Kopf kaputt" wählen, werden Sie sich die lateinische Vokabel vermutlich gut merken können. Wichtig ist hier die Ähnlichkeitsbeziehung zwischen dem gewählten deutschen Wort „kaputt" und dem zu lernenden lateinischen Wort „caput". Natürlich muss auch die Übersetzung – also „Kopf" – im Merksatz enthalten sein, damit er effektiv ist.

Ein weiteres Beispiel: „Ein Sklave grüßt immer mit ,Servus'" mag seltsam klingen, ist aber ein sinnvoller Merksatz, da „Servus" übersetzt „Sklave" bedeutet – im Übrigen leitet sich die Grußformel, die in diversen europäischen Sprachen zu finden ist tatsächlich vom lateinischen Wort ab und meint übertragen etwa „zu Diensten".

Merkgeschichte

Merkgeschichten sind sinnvoll, wenn Sie sich etwas in einer bestimmten Reihenfolge merken wollen. Versuchen Sie hierbei zunächst nach Assoziationen zu suchen – also nach Dingen, die Sie mit den Dingen, die Sie sich merken wollen, verbinden. Versuchen Sie dann, diese Assoziationen in einer bestimmten Reihenfolge miteinander zu einer kurzen Geschichte zu verweben.

Loci-Methode

Eine andere Methode, sich Dinge in einer bestimmten Reihenfolge zu merken, ist die Loci-Methode. Hierbei visualisieren Sie die Dinge, die Sie sich merken wollen. Sie suchen also nach Symbolen, die Ihnen intuitiv einfallen, wenn Sie an den Sachverhalt, den Sie sich merken wollen, denken. Anschließend gehen Sie einen bestimmten Weg entlang und legen diese Symbole im Geiste dort ab. Der Weg kann dabei entweder ein physischer oder ein imaginärer sein, wobei physische Wege für den Anfang wohl leichter sind. Beim erneuten Abschreiten dieses Weges – sowohl physisch als auch imaginativ – versuchen Sie, die Informationen aufzusammeln. Gehen Sie den Weg immer wieder ab, bis Sie sich alles gemerkt haben.

Beispiel: Möchten Sie sich etwas für eine Rede, die Sie halten möchten, merken, können Sie den Weg, den Sie zum Raum, in dem Sie Ihre Rede halten werden, mehrfach abgehen und dabei die Informationen, die Sie in Ihre Rede einflechten möchten, in der gewünschten Reihenfolge an markanten Wegespunkten ablegen. Nehmen wir einmal an, Sie halten Ihre Rede im Hörsaal einer Universität. Auf dem Weg von der Bahnhaltestelle zum Hörsaal kommen Sie an einer großen Skulptur, die mitten auf dem Campus steht, an einer kleineren Baustelle auf dem Campus sowie an der großen Eingangstür zum Gebäude, in dem sich der

Hörsaal befindet, vorbei und passieren schlussendlich einen kleinen Gang, der Sie genau zum Hörsaal bringt. Gehen Sie diesen Weg nun einmal nach und legen Sie dabei gedanklich an allen markanten Punkten ein Informationspaket ab. Die Information, die Sie zuerst nennen wollen, platzieren Sie an der Skulptur. Die zweite Information an der kleinen Baustelle usw. Gehen Sie den Weg anschließend mehrmals tatsächlich ab und versuchen Sie, die abgelegten Informationen dabei aufzusammeln. Noch öfter sollten Sie den Weg außerdem in Gedanken abschreiten. Sie werden sehen: Mit hoher Wahrscheinlichkeit werden Sie sich alle Informationen in der gewünschten Reihenfolge merken.

Nun stellt sich nur noch eine Frage: Wie sollen die Informationen dort abgelegt werden? Vorhin haben wir bereits darauf hingewiesen, dass eine Visualisierung und das Ablegen der dabei gewonnen Symbole sinnvoll sind. Doch wie genau sieht so eine Visualisierung aus? Im Grunde sollten Sie frei assoziieren. Nehmen wir an, in Ihrer Rede wollen Sie zunächst die Namen der letzten zwei Bundeskanzler und der amtierenden Bundeskanzlerin in der korrekten Reihenfolge nennen. Das ist möglicherweise ein eher schlechtes Beispiel, da sich drei Namen in einer bestimmten Reihenfolge in der Regel leicht zu merken sind; für Illustrationszwecke ist es jedoch gut geeignet. Bei Helmut Kohl denken Sie sofort an einen Kohlkopf, bei Gerhard Schröder an eine Gaspipeline und bei Angela Merkel an die Merkel-Raute. Nutzen Sie diese Visualisierungen! Nehmen Sie das Bild, das Ihnen zuerst einfällt, wenn Sie an die Information, die Sie sich merken wollen, denken.

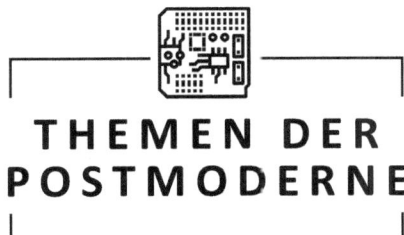

THEMEN DER POSTMODERNE

Was genau ist Künstliche Intelligenz? (englisch: Artificial Intelligence)

Der Bereich der Künstlichen Intelligenz wird in so unterschiedlichen Wissenschaften wie Informatik, Neurowissenschaft, Sprachwissenschaft oder Philosophie aus ganz unterschiedlichen Blickwinkeln betrachtet und erforscht. Ganz einfach ausgedrückt handelt es sich bei künstlicher Intelligenz um ein maschinelles Programm, welches lernfähig ist und auf Basis gegebener Informationen selbstständig Entscheidungen treffen und im weitesten Sinne Handlungen ausführen kann. Ziel der Künstlichen Intelligenz ist es, menschliches Entscheidungsverhalten möglichst genau zu imitieren. Die heutigen Künstlichen Intelligenzen sind dabei auf einen klar umrissenen Tätigkeitsbereich beschränkt.

In diesem nehmen sie Informationen auf, verarbeiten sie mit Hilfe von Algorithmen und treffen – basierend auf Erfahrungen – Entscheidungen, die letztlich zu einer Handlung führen. Ein Rasenmähroboter sendet beispielsweise Laserstrahlen aus, um seine Umgebung auszumessen und Hindernisse zu bemerken. Die Laserstrahlen versorgen ihn mit Informationen. Diese Informationen werden von einem Algorithmus interpretiert – liegt ein Hindernis vor oder ist die Bahn frei? Dann wird – basierend auf Erfahrungen, die der Roboter gesammelt hat und die ihm in der Programmentwicklung eingespeist wurden – eine Entscheidung getroffen, die zu einer Handlung (weiterfahren oder stoppen?) führt. Auch Sprachassistenzsysteme wie Siri sind Künstliche Intelligenzen – sie erhalten eine Spracheingabe, versuchen sie ausgehend von bisherigen Spracheinnahmen einzuordnen und zu verarbeiten, treffen eine Entscheidung (Was wurde denn nun gesagt?) und handeln, indem sie eine Antwort ausspucken.

Wie funktioniert die Blockchaintechnologie?

Dank der Blockchaintechnologie sind Transaktionen in Kryptowährungen ohne eine Bank als Mittler möglich. Drüber hinaus werden sog. Smart Contracts ermöglicht; das sind digitale

Verträge, die als Wenn-Dann-Schleifen geschrieben sind und sich selbst ausführen, sobald das Antezedens (die Bedingung) erfüllt ist. Auch hier entfällt der Mittler, also etwa ein Anwalt oder Notar.

Stattdessen wird auf eine Art öffentlich einsehbares Transaktionsbuch (Block) gesetzt. Jede Transaktion wird in dieses Transaktionsbuch eingeschrieben – und zwar in komplex verschlüsselter Form, bei der jeder Transaktion ein einmaliger langer Hash (ein Code aus Buchstaben und Zahlen) zugewiesen wird, der in der nachfolgenden Transaktion erneut aufgegriffen wird. Nicht nur aufgrund der komplexen Verschlüsselung, sondern auch aufgrund etlicher Kopien des Transaktionsbuchs gilt die Blockchaintechnologie als praktisch fälschungssicher. Diese Kopien des Transaktionsbuchs werden auf Rechnern gewöhnlicher Nutzerinnen und Nutzer gespeichert, und zwar nicht nur auf einem, sondern auf etlichen. So wird eine starke Dezentralisierung erreicht, die für eine gleichmäßige Machtverteilung sorgt und Missbrauch mehr oder minder unmöglich macht. Jede neue Transaktion wird vor der Ausführung mit allen Kopien des Transaktionsbuchs abgeglichen. Sie wird nur ausgeführt, wenn keine Unstimmigkeiten auffallen. Um eine solche Kopie abzugleichen und die Transaktion in den Block hängen zu können, ist eine enorme Rechenleistung nötig, da ein komplexes mathematisches Problem gelöst werden muss, um auf einen Block zugreifen zu können. Diese Rechenleistung stellen wiederum die Rechner der gewöhnlichen Nutzerinnen und Nutzer zur Verfügung, auf denen die Blocks gespeichert sind. Als Dank für das Zurverfügungstellen ihrer Rechenleistung erhalten sie bei der Kryptowährung Bitcoin Bitcoins – sie werden also entlohnt.

Was ist Robotik?

Die Robotik ist ein Wissenschaftsgebiet, das sich mit der Entwicklung von Robotern befasst. Roboter sind Dinge, die auf Grundlage von Informationstechnik und technischer Kybernetik (die Wissenschaft von der Steuerung der Maschinen in Analogie zu menschlichem Verhalten) mit der physischen Welt interagieren können. Die Robotik ist auf der Schnittstelle von Informatik, Elektrotechnik und Maschinenbau angesiedelt. Von zentraler Bedeutung ist in der Robotik auch die künstliche Intelligenz – schließlich sollen Roboter möglichst selbstständig Informationen aufnehmen, verarbeiten und darauf aufbauend Entscheidungen treffen sowie Handlungen ausführen können. Die Produkte der Robotik sind aus der heutigen global-kapitalistischen Welt kaum mehr wegzudenken. Besonders in der Warenproduktion nehmen sie bereits heute eine zentrale Rolle ein. Auch Drohnen und ähnliche Dinge sind Roboter.

Was ist Virtual Reality und wie unterscheidet sie sich von Augmented Reality?

Virtual Reality und Augmented Reality sind Techniken bzw. Konzepte, welche der empirischen Alltagswirklichkeit des Subjekts eine virtuelle Wirklichkeit entgegenstellen (Virtual Reality) oder virtuelle Elemente in die empirische Wirklichkeit des Subjekts einfügen (Augmented Reality). Genutzt werden diese Konzepte heute vor allem im militärischen Bereich sowie für Videospiele.

In beiden Fällen werden in der Regel Brillen genutzt, um die Simulation zu starten. Derjenige, der die Brille trägt, findet sich im Falle der Virtual Reality in einer virtuellen Welt wieder: Er sieht um sich herum ausschließlich die virtuelle Welt, die durch die Brille simuliert wird. Im Falle der Augmented Reality verhält es sich anders. Hier wird nach dem Aufziehen der Brille weiterhin die auch vorher erlebte Welt wahrgenommen. In ihr finden sich nun jedoch auch durch die Brille simulierte Objekte vor, die zuvor nicht dort verortet wurden.

Sowohl VR- als auch AR-Brillen bringen einige Vorteile mit sich. Besonders im Bereich der Raumplanung können sie sinnvoll eingesetzt werden. Bevor raumverändernde Maßnahmen vorgenommen werden, lässt sich der angestrebte Zustand mit Hilfe der VR- und AR-Brillen weitgehend simulieren. So können lebhaftere und tiefergehende Eindrücke gewonnen werden als bei einer bloßen Zeichnung. Ebenso ist der Einsatz im Immobilienbereich denkbar.

Ferner findet VR Einsatz im Arbeitsschutz: Produktions- und Arbeitsprozesse lassen sich simulieren und gewissermaßen austesten, sodass potentielle Störfaktoren und Gefährdungen möglicherweise vor der tatsächlichen Einführung einer bestimmten Maschine oder vor der tatsächlichen Umgestaltung eines Arbeitsplatzes ausfindig gemacht werden können. So werden Kosten gespart und Arbeitende werden geringeren Risiken ausgesetzt.

AR kommt wesentlich häufiger zum Einsatz als VR und wird nicht nur in AR-Brillen, sondern auch in gewöhnlichen Smartphones eingesetzt. So lassen sich mit Hilfe der Smartphonekamera etwa Navigationsanweisungen in der Umgebung wahrnehmen, Informationen zu betrachteten Gebäuden oder Kunstwerken anzeigen oder Übersetzungen von Texten einblenden.

Was ist das Internet of Things?

Das Internet der Dinge (engl.: Internet of Things) ist letztlich eine Verknüpfung von physischen Gegenständen, die Kommunikation (das meint: Informationsaustausch) zwischen diesen Gegenständen ermöglicht. Tatsächlich kommunizieren hierbei jedoch nicht die physischen Gegenstände selbst, sondern kleine Computer, die in sie eingearbeitet wurden. Ein Beispiel einer Anwendung dieser Technologie ist die automatische Nachbestellung von Druckerpatronen: Das Gerät ist mit den Patronen verbunden und überwacht ihren Füllstand. Unterschreitet dieser einen bestimmten Wert, gibt das Gerät automatisch eine Bestellung beim jeweiligen Hersteller auf, wofür es auch mit diesem (bzw. einem technischen Gerät des Herstellers) verknüpft sein muss.

Was meint Big Data?

„Big Data" ist in der globalisierten und digitalisierten Welt zum Schlagwort geworden und kann durchaus wörtlich verstanden werden: Es geht um riesige Datenmengen. Heute wird „Big Data" in der Regel als Sammelbegriff für Technologien, die die Digitalisierung vorantreiben sowie für Technologien zur Datensammlung und -auswertung verwendet. Die Begrifflichkeit ist relativ unscharf, sodass nicht immer sofort klar ist, welcher Bedeutungsaspekt von der sprechenden Person intendiert ist.

Im weitesten Sinne kann „Big Data" als Schlagwort, das die Digitalisierung meint, verstanden werden. Der Grundgedanke hinter „Big Data" ist dabei der der umfassenden Vernetzung und Informationsbereitstellung – sowohl im Sinne einer Wissenszugänglichmachung und Vernetzung von Einzelpersonen als auch im Sinne einer umfassenden und schnellen Informationsbeschaffung für und von Unternehmen und Staaten, die diese Informationen für ihre Zwecke (miss)brauchen.

Wie funktioniert 3D-Druck und was kann er leisten?

Mit 3D-Druckern lassen sich allerhand tolle Dinge basteln – von der künstlichen Hand über eine hochkomplexe Stützkonstruktion bis hin zum Maschinengewehr. 3D-Drucker erzeugen dreidimensionale Gegenstände, indem sie ein Material nach vorgegebenem Bauplan schichtweise auftragen. Als Werkmaterial kommen dabei sowohl feste als auch flüssige Stoffe infrage. In der Regel wird mit Kunststoffen, Metall, Kunstharzen oder Keramik gearbeitet. Die Technik hinter dem 3D-Drucker ist dabei gar nicht allzu neu: Bereits im Jahr 1988 kam der erste Drucker dieser Art auf den Markt. Heute werden 3D-Drucker immer häufiger auch in industriellen Kontexten verwendet. Sie stellen hier beispielsweise winzige Maschinenteile her. Das Potential eines 3D-Druckers ist enorm groß. Mit ihm lassen sich vergleichsweise günstig und einfach auch sehr komplexe Gegenstände produzieren. Darüber hinaus ist es möglich, Gegenstände völlig individuell zu designen, sodass beispielsweise auch individuell angepasste Prothesen o.ä. problemlos mit einem 3D-Drucker hergestellt werden können.

Was bedeutet „FinTech"?

„FinTech" steht für Finanz-Technologie. Das Wort wird heute in der Regel im Zusammenhang mit Start-Ups gebraucht, die innovative technische Lösungen für die Finanzbranche anbieten. Ein Beispiel für eine solche Lösung ist der sog. Robo-Advisor. Dabei handelt es sich um ein algorithmenbasiertes Programm, das Empfehlungen zur Vermögensanlage gibt.

Was macht ein Influencer?

Influencer sind Menschen, die in den Sozialen Medien über eine große Reichweite verfügen und diese nutzen, um Werbung für bestimmte Produkte zu machen. Sie werden von Unternehmen bezahlt, um die Produkte der Unternehmen in Beiträgen in den Sozialen Medien vorzustellen, zu nutzen oder anderweitig in ein positives Licht zu rücken.

Was ist eine Cloud?

Eine Cloud ist gewissermaßen eine ausgelagerte IT-Infrastruktur. In Clouds können vor allem Daten gespeichert werden. Darüber hinaus stellen sie teilweise aber auch Rechenleistung oder Software zur Verfügung. Der große Vorteil, den die Cloud bietet, besteht darin, dass all das, was sie bereitstellt, nicht auf dem Endgerät, mit dem auf die Cloud zugegriffen wird, zur Verfügung stehen muss. Die Endgeräte werden damit technisch schlanker und günstiger. Für Unternehmen sind die Einsparungen, die durch die Nutzung von Cloud-Diensten erreicht werden, mitunter deutlich spürbar. Man kann sich mitunter den Betrieb ganzer Rechenzentren sparen.

Darknet

Das Darknet ist zunächst einmal nicht der sagenumwobene Platz, für den es oft gehalten wird. Es handelt sich vielmehr um einen abgeschirmten Teil des Internets, der nur mit einigem Aufwand, dafür aber größtmöglich anonym aufgesucht werden kann. Um auf das Darknet zugreifen zu können, wird der sog. TOR-Browser benötigt. Die Seiten des Darknets sind indes nicht auf zentralen Servern gehostet wie die des gewöhnlichen Internets, sondern dezentral auf verschiedensten Computern normaler Nutzerinnen und Nutzer. Die verschiedenen Computer werden vernetzt und senden und empfangen verschlüsselte Daten – daher ist der besondere TOR-Browser nötig, der für die Verschlüsselung der gesendeten Daten sorgt. Das Darknet bietet Menschen in Ländern, in denen ihre persönlichen Freiheiten nicht geachtet werden, die Möglichkeit, sich anonym zu äußern, Informationen zu beschaffen und Zugang zu möglicherweise im Land eigentlich gesperrten Seiten zu erhalten. Darüber hinaus wird das Darknet aufgrund der hohen Anonymität gerne für kriminelle Machenschaften genutzt.

Industrie 4.0

Industrie 4.0 meint die digitale Vernetzung von Produktionsmaschinen und die Digitalisierung von Abläufen in der Produktion. Mit dieser digitalisierten Produktion sollen Arbeiten effizienter gestaltet werden können. Ein Beispiel: Schon heute melden Maschinen teilweise automatisch, dass sie neues Material benötigen und geben einen Bestellauftrag aus. Ein anderes Beispiel: Schon heute berechnen Algorithmen die kürzesten Lieferwege innerhalb eines Lagers. Diese umfassende Digitalisierung wird von der Bundesregierung unter dem Projektnamen „Industrie 4.0" gefördert.

Smart Home

In einem Smart Home sind verschiedene Haushaltsgeräte mit einer zentralen digitalen Steuereinheit verknüpft, welche sich wiederum per Sprachbefehl steuern lässt. Die Einzelgeräte werden also vernetzt und fernsteuerbar. Das soll den Wohnkomfort, die Lebensqualität, aber auch die Sicherheit und die Energieeffizienz erhöhen. In der Praxis bedeutet es heute vor allem, dass viele einfache Operationen per Sprachbefehl (oder per App) gesteuert werden können – etwa die Beleuchtung oder das Thermostat.

BIOLOGIE

Was ist ein Gen?

Ein Gen ist ein Abschnitt der DNA, der für die weitere biologische Entwicklung des jeweiligen Individuums sowie für die Bildung von Proteinen und RNA relevante Informationen enthält. Gene werden kopiert und in veränderter oder unveränderter Form vererbt. Die Teildisziplin der Biologie, die sich mit den Genen und der Vererbung befasst, wird *Genetik* genannt. Der Begriff „Gen" leitet sich vom griechischen Wort „genesis" ab, was „Anfang" bedeutet.

Womit befasst sich die Genetik?

Die Genetik befasst sich mit den Genen sowie mit den Regelmäßigkeiten der Vererbung, bei welcher Gene an Nachkommen weitergegeben werden. Wegweisend für die Entwicklung der Genetik waren die Versuche Gregor Mendels. Mendel, der als Mönch lebte, stellte bei Experimenten mit Erbsen Regelmäßigkeiten in der Weitergabe von Genen fest. Diese festgestellten Regelmäßigkeiten werden in der Biologie heute als *Mendelsche Regeln* bezeichnet.

Was ist Osmose?

Die Osmose ist ein Diffusionsprozess einer Flüssigkeit durch eine selektiv durchlässige Membran entlang eines Konzentrationsgefälles. Das Ziel des osmotischen Prozesses ist der Konzentrationsausgleich eines Stoffs auf beiden Seiten. Die Flüssigkeit diffundiert dabei hin zur Seite mit der höheren Stoffkonzentration, bis eine ausgeglichene Konzentration erreicht ist. Der Begriff der Osmose leitet sich vom griechischen Wort „osmos", was etwa „Eindringen" bedeutet, ab.

Was besagt eigentlich die Evolutionstheorie?

Die Evolutionstheorie ist eine auf Charles Darwin zurückgehende Theorie der Entwicklung der Arten, die heute Lehrmeinung der

Biologie ist. Ihr zufolge entwickeln sich Spezies aufgrund von zufälliger Mutation und natürlicher Selektion. Kernthese ist die allmähliche Entwicklung der Artenvielfalt aus anderen Arten heraus. Diese Entwicklung ist nach Darwin auf Mutation und Selektion zurückzuführen: Gewisse Eigenschaften, die durch zufällige Mutationen entstehen, sind dem Überleben und der Fortpflanzung dienlicher als andere und setzen sich daher gegen diese anderen, die im Laufe der Zeit wieder aussterben, durch. Aufgrund dieser Mutations- und Selektionsprozesse findet eine beständige Weiterentwicklung und Veränderung der verschiedenen Arten statt. Die evolutionäre Entwicklung ist als Anpassung an Umweltbedingungen zu verstehen: In einer veränderten Umwelt sind möglicherweise andere genetische Ausstattungen überlebens- und reproduktionsfähiger und setzen sich daher durch.

Was hat es mit Selektion auf sich?

Selektion meint Auslese und ist ein Kernbegriff der Evolutionstheorie. Zu unterscheiden sind die *natürliche Selektion*, die *sexuelle Selektion* und die *künstliche Selektion*. Die natürliche Selektion, die in manchen Veröffentlichungen auch als natürliche Auslese bezeichnet wird, bezeichnet das Sich-Durchsetzen der aufgrund einer bestimmten genetischen Ausstattung überlebensfähigeren Individuen einer Art gegenüber anderen Individuen dieser Art, die aufgrund einer anderen genetischen Ausstattung sterben, bevor sie sich fortpflanzen konnten. Die Gene der überlebensfähigeren Individuen werden also weitergegeben, während die der weniger überlebensfähigen Individuen aufgrund der geringeren Fortpflanzungsgeschwindigkeit allmählich aussterben. Treibender Selektionsfaktor sind die Umweltbedingungen: Es setzt sich keineswegs das stärkste Individuum, sondern dasjenige, das am besten an die Umweltbedingungen angepasst ist, durch.

Die sexuelle Selektion steht eng mit der natürlichen in Verbindung: Sexuelle Selektion meint die Bevorzugung von Sexualpartnerinnen oder -partnern, die bestimmte Merkmale aufweisen, die wiederum mit den Genen vererbt werden. Ein sehr überlebensfähiges Individuum einer Art muss auch von potentiellen Sexualpartnern oder -partnerinnen als sexuell attraktiv bewertet werden, um sich letztlich fortpflanzen zu können. Individuen, die bestimmte Merkmale aufweisen, die als attraktiv bewertet werden, pflanzen sich häufiger fort und geben daher in stärkerem Maße ihre Gene weiter – die Merkmale, die aufgrund dieser Gene ausgeprägt werden, setzen sich auf Dauer also durch.

Worum geht es in der Ökologie?

Die Ökologie ist die Teildisziplin der Biologie, die sich mit der Wechselbeziehung von Lebewesen und ihrer Umwelt befasst.

Was macht die Neurobiologie?

Die Neurobiologie ist die Teildisziplin der Biologie, die sich mit dem Aufbau und der Funktionsweise des Nervensystems befasst.

Was versteht man unter Anatomie?

Die Anatomie ist die Lehre des Aufbaus eines im biologischen Sinne lebenden Wesens. In der Medizin und der Humanbiologie wird der Aufbau des menschlichen Körpers untersucht, während in der Zoologie der Aufbau tierischer Körper und in der Botanik der Aufbau pflanzlicher Organismen untersucht wird. Der Begriff der Anatomie leitet sich von den griechischen Wörtern „ana" und „tome" ab, die etwa „auf" und „Schnitt" bedeuten – der Begriff lässt also auf die Tätigkeit, nämlich das Aufschneiden von Organismen, schließen.

Was ist die Physiologie?

Die Physiologie ist ein Teilgebiet der Biologie und der Medizin, das sich mit den gewöhnlichen biophysikalischen und biochemischen Vorgängen in den Zellen von Lebewesen befasst.

Welche Aufgaben hat das Herz?

Das Herz pumpt das Blut durch die Blutbahn und versorgt den Körper so mit Nährstoffen und Sauerstoff.

Welche Aufgaben haben die Lungen?

Die Lungen nehmen Sauerstoff auf und geben diesen an das Blut ab. Das Blut wiederum, das vom Herzen durch den Körper befördert wird, gibt den Sauerstoff an die einzelnen Körperorgane und -zellen ab. Anschließend kehrt es, wiederum bedingt durch die Pumpleistung des Herzens, zu den Lungen zurück und nimmt dort neuen Sauerstoff auf.

Welche Aufgaben hat die Niere?

Die Niere filtert das Blut und befreit es von Giftstoffen, deren Ausscheidung sie veranlasst. Außerdem regelt sie den Wasser- und Elektrolythaushalt, indem sie Überflüssiges ausscheidet. Weitere Aufgaben sind die Produktion von Hormonen, die Regelung des pH-Wertes des Bluts und die Regulation des Säure-Basen-Haushalts.

Welche Aufgaben hat die Leber?

Die Aufgabe der Leber besteht unter anderem in der Entgiftung: Sie nimmt Giftstoffe auf und baut diese ab. Außerdem ist sie an der Verwertung von Nahrungsbestandteilen beteiligt, speichert wichtige Nahrungsbestandteile und bildet Traubenzucker, Ketonkörper, Cholesterine, Gallensäure sowie bestimmte Bluteiweiße.

Welche Aufgabe hat der Magen?

Der Magen nimmt Nahrung auf, speichert sie zwischen und gibt sie in kleinen Mengen an den Darm weiter. Außerdem beginnt er mit der Durchmischung und Verdauung. Weiterhin desinfiziert er die aufgenommene Nahrung. Keime werden außerdem durch die Magensäure abgetötet.

Welche Aufgabe hat der Darm?

Der Darm lässt sich noch einmal in verschiedene Darmteile unterteilen. Die Aufgaben all dieser Darmteile bestehen letztlich darin, die Nahrung zu verdauen, benötigte Stoffe in den Blutkreislauf abzugeben und überflüssige Stoffe auszuscheiden.

Was ist die Zoologie?

Die Zoologie ist die Teildisziplin der Biologie, die sich mit der Erforschung der Tiere befasst.

Womit beschäftigt sich die Botanik?

Die Botanik ist die Teildisziplin der Biologie, die sich mit der Erforschung der Pflanzen befasst.

Was ist eine Zelle?

Als Zelle wird die kleinste Einheit eines biologischen Organismus bezeichnet. Während Einzeller aus nur einer einzigen Zelle bestehen, setzen sich Mehrzeller aus teilweise enorm vielen Zellen zusammen. Bei den Mehrzellen können die einzelnen Zellen zu Einheiten verbunden sein und ein bestimmtes Gewebe bilden. Tierische und Pflanzliche Zellen sind gleich aufgebaut, nur mit dem Unterschied, dass pflanzliche Zellen drei Organe mehr haben (Zellwand, Chloroplasten und Vakuolen). Ansonsten sind pflanzliche und tierische Zellen gleich aufgebaut.

Was sind Bakterien?

Bakterien zählen zu den Prokaryoten. Sie bestehen aus nur einer Zelle. Es können etliche verschiedene Bakterienarten unterschieden werden. Besondere Aufmerksamkeit wird allgemein den humanpathogenen Bakterien, also denjenigen Bakterien, die beim Menschen in aller Regel Krankheiten hervorrufen, geschenkt. Dabei wird meist der Umstand unterschlagen, dass es etliche Bakterienarten gibt, die für den Menschen unschädlich sind. Im menschlichen Körper und auf der menschlichen Haut finden sich Milliarden Bakterien, die bei einem funktionierenden Immunsystem nicht für Krankheiten sorgen, sondern der menschlichen Gesundheit sogar zuträglich sind.

Was sind Viren?

Viren sind kleinste Strukturen, die nicht aus Zellen bestehen. Sie tragen ein genetisches Programm in sich, das auf die Kaperung von Wirtszellen und auf die Reproduktion der Virusinformation mit Hilfe dieser Wirtszelle ausgerichtet ist. Viren sind als solche (siehe den letzten Absatz) ausschließlich in Wirtszellen überlebensfähig – die Tatsache, dass Viruserkrankungen in aller Regel weitaus weniger bedrohlicher sind als bakterielle kann darauf zurückgeführt werden, dass es für das Virus anders als für das Bakterium schädlich wäre, den Wirt zu töten.

In der Biologie werden Viren heute in der Regel nicht zu den Lebewesen gerechnet, da sie keinen eigenen Stoffwechsel betreiben. Da sie jedoch in der Lage sind, sich zu reproduzieren und sich im Sinne der Evolutionstheorie zu entwickeln, kann zumindest konstatiert werden, dass sie lebenden Organismen sehr ähnlich sind.

Einzelne Viruspartikel, die sich außerhalb einer Wirtszelle befinden, werden als Virionen bezeichnet. Zum Virus werden sie, sobald sie eine Wirtszelle gekapert haben und sich zu vermehren beginnen.

Was sind Pilze?

Pilze wurden biologiegeschichtlich lange zu den Pflanzen gerechnet. Heute wird jedoch eine Unterscheidung vorgenommen: Da Pilze keine Photosynthese betreiben, werden sie nicht mehr zu den Pflanzen gerechnet, sondern als eigene Lebensform angesehen.

Was versteht man unter Prokaryoten?

Prokaryoten sind Lebewesen, die keinen Zellkern besitzen. Ihre Erbinformation ist frei im Zytoplasma befindlich. Ihre Zellen werden als Protozyten bezeichnet. Vertreter der Prokaryoten sind Bakterien sowie Archaeen.

Was versteht man unter Eukaryoten?

Eukaryoten sind Lebewesen, die über Zellen mit Zellkernen verfügen. Die Erbinformationen dieser Lebewesen sind in den Zellkernen gespeichert. Ferner zeichnen sich ihre Zellen durch eine starke Kompartimentierung, also durch eine klare strukturelle Aufteilung, aus.

Was ist eine Mutation?

Eine Mutation ist eine spontane, zufällige Veränderung im Erbgut eines Individuums. Mutationen können zur Ausbildung bisher nicht vorhandener Merkmale führen. Im Tierreich wird zwischen somatischen Mutationen und Keimbahnmutationen unterschieden. Keimbahnmutationen werden an die Nachkommen weitergegeben und sind in der Evolutionstheorie von zentraler Bedeutung (mehr dazu unter „Evolutionstheorie" und „Selektion"). Somatische Mutationen hingegen werden nicht vererbt.

Neue Merkmale, die aufgrund von Mutationen auftreten, können die Überlebens- und Fortpflanzungsfähigkeit des Individuums entweder nicht, positiv oder negativ beeinflussen. Beeinflussen sie Überlebens- und Fortpflanzungsfähigkeit positiv, stellen sie evolutionär betrachtet einen Vorteil dar und führen zur Weitergabe sowie zur Durchsetzung der durch Mutation entstandenen Genvariante.

Mutationen sorgen damit für genetische Variabilität, also für das Vorhandensein unterschiedlicher Genvarianten, innerhalb einer Population und sind damit ein wesentlicher Evolutionsfaktor.

Was ist Rekombination?

Die Rekombination ist ein zentraler Evolutionsfaktor, der ebenso wie die Mutation für genetische Variabilität innerhalb einer Population sorgt. Rekombination bezeichnet die Neuanordnung von vorhandenem genetischen Material, die in der sog. Meiose vorgenommen wird. Diese Rekombination sorgt unter anderem dafür, dass mehrere Nachkommen zweier Individuen mit sehr hoher Wahrscheinlichkeit nicht über die exakt gleiche genetische Ausstattung verfügen.

Was sind Chromosomen?

Ein Chromosom ist ein fadenartiges Gebilde, das sich im Zellkern befindet. Es trägt die Erbinformationen des jeweiligen Individuums in sich. Der Mensch verfügt im Regelfall über 46 Chromosomen. Zwei der Chromosomen sind sog. Geschlechtschromosomen – sie bestimmen über das biologische Geschlecht des Individuums. Bei biologisch männlichen Menschen sind XY-Geschlechtschromosomen vorhanden, während bei biologisch weiblichen Menschen XX-Geschlechtschromosomen vorhanden sind.

Was ist die DNA?

„DNA" ist die Abkürzung für „deoxyribonucleic acid", im Deutschen „Desoxyribonukleinsäure". Manchmal wird auch die deutsche Abkürzung „DNS" verwendet. Diese DNA ist Bestandteil der Chromosomen und Träger des Erbmaterials.

Was geschieht bei der Photosynthese?

Die Photosynthese ist ein Prozess, der von Pflanzen betrieben wird. Pflanzen wandeln dabei Wasser, Kohlenstoffdioxid und

Lichtenergie in Glucose und Sauerstoff um. Den Sauerstoff, der für sie ein bloßes Abfallprodukt ist, geben sie anschließend wieder ab. Auch Algen, deren Stellung im biologischen System strittig ist, betreiben Photosynthese. Darüber hinaus betreiben einige Bakterien Photosynthese; hierbei entsteht jedoch kein Sauerstoff.

Was ist Symbiose?

Die Symbiose bezeichnet das Zusammenleben mehrerer Lebewesen, von dem beide Lebewesen profitieren.

Was ist Parasitismus?

Beim Parasitismus liegt ein parasitäres, also ausbeuterisches, Zusammenleben von Lebewesen vor. Der Parasit beutet den Wirt aus, profitiert also einseitig vom Zusammenleben, während dem Wirt Schaden zugefügt wird.

Wofür ist eine Synapse da?

Die Synapse stellt die Verbindungsstelle einer Nervenzelle zu einer anderen Nervenzelle oder einer sonstigen Zelle dar. Über sie werden Signale weitergegeben.

Wodurch sind Säugetiere gekennzeichnet?

Säugetiere zählen zu den Wirbeltieren. Kernmerkmale der Säugetiere sind das Säugen des Nachwuchses mit Milch, ein aus Haaren bestehendes Fell und eine gleichwarme Körpertemperatur. Die allermeisten Säugetiere gebären lebend.

Was sind Amphibien?

Amphibien sind Wirbeltiere, die zwar auf dem Land leben, sich jedoch ausschließlich im Wasser fortpflanzen können. Sie werden auch als Lurche bezeichnet. Zu ihnen zählen etwa Frösche, Kröten, Molche und Salamander.

Was sind Reptilien?

Reptilien werden auch Kriechtiere genannt. Der Name leitet sich vom lateinischen Wort „reptilis" ab, was „kriechend" bedeutet. Zu den Reptilien zählen verschiedene Landwirbeltiere, die sich hinsichtlich ihres biologischen Aufbaus und ihrer biologischen Funktionsweise ähneln. Typisch sind etwa eine geschuppte Haut, die trocken und schleimlos ist sowie das Fehlen von Fell und Haaren. Die meisten Reptilien legen Eier. Zu den Reptilien zählen etwa Schildkröten, Krokodile oder Schlangen.

Was sind Weichtiere?

Weichtiere sind wirbellose Tiere, die vorwiegend im Meer, teilweise aber auch in Süßwasser oder an Land leben. Zu ihnen zählen etwa Muscheln und Schnecken.

Was versteht man unter Biologismus?

Der Terminus „Biologismus" bezeichnet das einseitige Anwenden biologischer Methodik oder das einseitige Anwenden biologischer Maßstäbe auf Bereiche außerhalb der Biologie, also das Überdehnen des Gegenstandsbereichs der Biologie. Das Beziehen der von Darwin ausformulierten Evolutionstheorie auf das Zusammenleben in der menschlichen Gesellschaft, das mit dem Schlagwort des Sozialdarwinismus versehen wird, stellt ein klassisches Beispiel für eine biologistische Vorgehensweise dar. Prominentester lebender Vertreter biologistischer Thesen ist wohl Richard Dawkins, der letztlich jeden Aspekt des Lebens auf Gene zurückführt – jedes Lebewesen ist demnach als eine Art lebende Maschine zu verstehen, die blind von ihren Genen gesteuert wird. Der Begriff „Biologismus" ist kein biologischer Begriff! „Biologistisch" und „biologisch" meinen grundverschiedene Dinge.

Was ist ein Atom?

Das Atom ist die kleinste Einheit eines chemischen Stoffs, die noch stoffspezifische Eigenschaften aufweist. Ein Atom lässt sich physikalisch zwar noch weiter zerlegen – die stoffspezifischen Eigenschaften sind bei den kleineren Einheiten jedoch nicht mehr gegeben.

Was steht im Periodensystem?

Beim Periodensystem handelt es sich um eine Tabelle, in der alle bekannten chemischen Elemente in einer nach Elementgruppen sortierten Anordnung aufgeführt sind. Neben den Abkürzungen der Namen der jeweiligen Elemente finden sich dort auch Informationen zu ihren chemischen Eigenschaften. Entworfen wurde das Periodensystem der Elemente unabhängig voneinander und beinahe identisch kurz nacheinander von Dmitri Mendelejew und Lothar Meyer.

Was ist ein Molekül?

Ein Molekül ist die kleinste Einheit einer chemischen Verbindung, die die verbindungstypischen Eigenschaften aufweist. Sie setzt sich aus verschiedenen Atomen zusammen.

Was ist ein Ion?

Bei einem Ion handelt es sich um ein elektrisch geladenes Atom oder Molekül. Die Ladung kann positiv oder negativ sein.

Womit beschäftigt sich die Organische Chemie?

Die Organische Chemie ist dasjenige Teilgebiet der Chemie, welches sich mit Verbindungen befasst, die auf Kohlenstoff basieren.

Womit beschäftigt sich die Anorganische Chemie?

Die Anorganische Chemie ist dasjenige Teilgebiet der Chemie, welches sich mit kohlenstofffreien Verbindungen befasst.

Was ist ein Elektron?

Ein Elektron ist ein negativ geladenes Elementarteilchen. Als Elementarteilchen werden in der Chemie sowie in der Physik die kleinsten bekannten Einheiten der empirisch zu beobachtenden Materie bezeichnet.

Was ist ein Proton?

Protonen sind elektrisch positiv geladene Teilchen. Je nach vertretener physikalischer Theorie werden sie entweder zu den Elementarteilchen oder zu den Hadronen gezählt. Hadronen wiederum setzen sich, dem Standardmodell der Teilchenphysik folgend, aus Quarks zusammen, die wiederum nicht mehr teilbar und damit Elementarteilchen sind.

Was ist ein Neutron?

Das Neutron ist ein elektrisch ungeladenes Teilchen. Neutronen werden je nach vertretener Theorie entweder zu den Elementarteilchen oder zu den Hadronen gezählt (mehr dazu unter „Proton").

Was ist eine chemische Reaktion?

Bei einer chemischen Reaktion wird eine Verbindung in eine andere umgewandelt. Dabei wird Energie freigesetzt oder aufgenommen.

Was versteht man unter einer chemischen Bindung?

Mit dem Begriff der chemischen Bindung wird das Aneinanderbinden zweier oder mehrerer Atome oder Atomgruppen bezeichnet. Sie bilden zusammen Moleküle oder Kristalle oder halten an Grenzflächen zusammen.

Wodurch zeichnet sich eine Säure aus?

Als Säure wird eine Flüssigkeit bezeichnet, die in der Lage ist, Protonen an einen Reaktionspartner abzugeben. Eine Säure zeichnet sich durch einen PH-Wert aus, der unter sieben liegt. Säuren sind ätzend, weshalb beim Umgang mit ihnen stets Vorsicht geboten ist.

Wodurch zeichnet sich eine Base aus?

Basen werden auch als Laugen bezeichnet. Sie sind der Gegenspieler der Säure und zeichnen sich durch einen PH-Wert von mehr als sieben sowie durch die Fähigkeit, Protonen von Reaktionspartnern aufnehmen zu können, aus.

Was ist eigentlich ein Salz?

Ein Salz ist eine kristalline Substanz, die aus Kationen und Anionen besteht. Diese Ionen sind durch ionische Bindungen miteinander verbunden.

Welche Aggregatzustände gibt es?

Der Aggregatzustand bezeichnet den Zustand, in dem ein Stoff vorliegt. Stoffe können fest, flüssig oder gasförmig sein.

Was ist CO2?

CO_2 ist die Summenformel des Kohlendioxids. Es setzt sich aus einem Teil Kohlenstoff und zwei Teilen Sauerstoff zusammen.

Kohlendioxid, eigentlich Kohlenstoffdioxid, ist ein unbrennbares Gas. Es wird vom Menschen massiv genutzt und in großem Maße in die Umwelt abgegeben. CO_2 gilt als umweltschädlich – es ist sowohl für den Menschen als auch für Tiere und Pflanzen in höheren Konzentrationen giftig. Ferner trägt es als Treibhausgas zur Erderwärmung bei.

Was bedeutet H2O?

H_2O ist die Summenformel des Wassers. Es setzt sich aus zwei Teilen Wasserstoff und einem Teil Sauerstoff zusammen und ist für den Menschen lebensnotwendig.

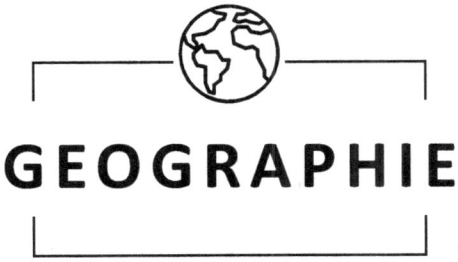

Was ist ein Kontinent und welche Kontinente gibt es?

Ein Kontinent ist eine geschlossene, zusammenhängende Landmasse. Es gibt verschiedene konkurrierende Zählweisen der Kontinente – ein Konsens hinsichtlich der Anzahl der Kontinente besteht folglich nicht. Häufig werden sieben Kontinente gezählt: Europa, Asien, Afrika, Ozeanien, Antarktis, Nordamerika und Südamerika. Teilweise werden fünf Kontinente gezählt: Eurasien, Afrika, Ozeanien, Antarktis und Amerika. Teilweise wird die Antarktis nicht als Kontinent gezählt.

Bei der Betrachtung des Kontinentbegriffs fällt auf, dass er nicht streng umgesetzt wird. Die rein geographische Definition wird durch historische Kriterien aufgeweicht – ansonsten wären Nord- und Südamerika definitiv ein Kontinent; gleiches würde für Europa und Asien gelten. Ferner müssten weitere Kontinente gezählt werden – etwa Neuseeland und Madagaskar. Es kann also festgehalten werden, dass neben rein geographischen Definitionen und Zählweisen auch kulturgeographische existieren.

Inseln wie Grönland und Großbritannien gelten nicht als Kontinente, da sie über den sog. Kontinentalschelf mit dem jeweiligen Kontinent verbunden sind. Der Kontinentalschelf ist eine unter dem Meer gelegene Platte. Australien war über einen solchen Schelf mit der Antarktis verbunden; der Schelf hat sich jedoch gelöst, sodass Australien als Kontinent gilt.

Was ist die Antarktis?

Die Antarktis, das Wort leitet sich vom griechischen Begriff „antarktikos", etwa „der Arktis gegenüber", ab, umfasst den Kontinent Antarktika sowie den sog. Südlichen Ozean, der die Landmassen des Kontinents umgibt. Hier befindet sich der Südpol. Die Antarktis ist eine für den Menschen lebensfeindliche Umgebung – die Landmassen und der Ozean sind eisbedeckt und es ist menschenlebensfeindlich kalt. Einige Tiere sowie wenige Pflanzen leben hier jedoch.

Was ist die Arktis und wo liegt sie?

Als Arktis wird die Erdregion um den Nordpol bezeichnet. Die Arktis umfasst Teile Kanadas, Grönlands (und damit Dänemarks), Russlands, der USA, Spitzbergens (und damit Norwegens), Schwedens und Finnlands. Sie ist sehr dünn besiedelt – insgesamt leben hier etwa vier Millionen Menschen. Die Bedingungen in der Arktis sind grundsätzlich menschenlebensfeindlich.

Welche Meere gibt es?

Als Meer wird eine zusammenhängende Wassermasse bezeichnet, welche die Kontinente umgibt. Teilweise wird diese Wassermasse als ein Meer angesehen und entsprechend als Weltmeer bezeichnet. Gängiger ist jedoch die – rein geographisch nicht gerechtfertigte – Unterteilung in mehrere Weltmeere. Üblicherweise werden hierzu der Indische, der Atlantische und der Pazifische Ozean sowie die Mittelmeere gerechnet.

Was ist die Erdrotation?

Als Erdrotation wird die Drehung der Erde um ihre eigene Achse bezeichnet. Die gedachte Rotationsachse wird als Erdachse bezeichnet.

Was versteht man unter Klima?

Als Klima wird das durchschnittliche Wetter einer bestimmten Region in einem bestimmten, hinreichend langen Zeitraum bezeichnet.

Was ist das Wetter?

Als Wetter wird der Zustand der Atmosphäre an einem bestimmten Ort zu einem spezifischen Zeitpunkt bezeichnet.

Welche sind die höchsten Berge in Deutschland?

Höchster Berg in Deutschland ist die Zugspitze. Es folgen der Hochwanner, der Watzmann, die Dreitorspitze und die Hochfrottspitze.

Welche sind die größten Seen in Deutschland?

Größter See in Deutschland ist der Bodensee. Es folgen die Müritz, der Chiemsee, der Schweriner See und der Starnberger See.

Was ist eine Agglomeration?

Eine Agglomeration ist ein Ballungsraum. Einwohnerstärkste Agglomeration Deutschlands ist das Ruhrgebiet, es folgt die Agglomeration Köln-Düsseldorf. Auf den Plätzen drei bis fünf folgen die Agglomerationen Berlin, Frankfurt-Wiesbaden-Darmstadt und Hamburg.

Was ist der Föhn?

Beim Föhn handelt es sich um einen trockenen, warmen Wind, der ein Gebirge überströmt und dann auf der anderen Seite abfällt und damit ein sog. Fallwind ist. In Deutschland tritt dieses Windphänomen in der Alpenregion auf.

Welche Klimazonen gibt es?

Eine Klimazone ist ein Bereich der Erde, der sich durch ein ganz bestimmtes Klima auszeichnet. Allgemein werden fünf Klimazonen unterschieden – die polare Zone, die subpolare Zone, die gemäßigte Zone, die subtropische Zone und die tropische Zone. Unterschiedliche Bereiche der Erde, die nicht unbedingt nah aneinander gelegen sein müssen, können die gleiche Klimazone aufweisen, was darauf zurückzuführen ist, dass es sich bei den Klimazonen gewissermaßen um Etiketten für bestimmte charakteristische klimatische Bedingungen handelt. Deutschland weist ein gemäßigtes Klima auf.

Was ist ein Humides Klima?

Ein humides Klima ist ein nasses Klima.

Was ist ein Kontinentales Klima?

Ein kontinentales Klima tritt in mehreren Klimazonen auf und zeichnet sich durch stärkere jahreszeitliche Klimaschwankungen aus.

Was ist ein Maritimes Klima?

Als maritimes Klima oder Seeklima wird ein Klima bezeichnet, das maßgeblich durch die Anwesenheit großer Wassermassen geprägt ist. Die Anwesenheit des Wassers führt aufgrund seiner langsamen Erwärmung und Abkühlung zu milderen Sommern und milderen Wintern, also zu einer Abschwächung der Jahreszeitunterschiede.

Was ist die Globalisierung?

Globalisierung bezeichnet einen Prozess einer weitreichenden Vernetzung über Landes- und Kontinentgrenzen hinweg. Dies führt zu Verknüpfungen von Menschen und Institutionen, die zu Verflechtungen im Bereich von Politik, Kultur und Wirtschaft, im Grunde in jedem Lebensbereich, führt.

Die Globalisierung hat in den letzten Jahrzehnten zu starken Veränderungen in der Arbeitswelt aber auch in der Freizeitgestaltung, im Konsumverhalten und im gesamten Lebenswandel der Menschen geführt, was vorwiegend auf die durch sie stark erweiterten Möglichkeiten und Angebote zurückzuführen ist. Die Globalisierung macht einen schnellen Austausch zwischen Menschen und Menschengruppen, die räumlich weit voneinander entfernt sind, ebenso möglich wie einen vergleichsweise schnellen Waren- und Personenverkehr.

Als wesentliche Ursachen der Globalisierung werden technische Innovationen, die einen unkomplizierten und schnellen Austausch ermöglichen, ebenso genannt wie politische Entscheidungen, die hin zu einer Weltöffnung der einzelnen Staaten führten.

Was ist ein Slum?

Ein Slum kann im Deutschen auch als Elendsviertel bezeichnet werden. Es handelt sich dabei um ein dicht besiedeltes Gebiet, das sich meist innerhalb einer Großstadt befindet. Bewohnt wird es von Menschen, die kaum über finanzielle Mittel verfügen. Slums verfügen über keine ausreichende Infrastruktur, was zu prekären Lebensbedingungen führt.

Wodurch zeichnet sich eine Metropole aus?

Als Metropolen werden gemeinhin Großstädte bezeichnet, die politisch, kulturell, sozial und wirtschaftlich für eine bestimmte Region von herausragender Bedeutung sind.

Was ist der Regenwald?

Ein Regenwald zeichnet sich durch ein besonders feuchtes Klima aus, das für 2000 mm oder mehr Niederschlag im Jahresmittel sorgt. Regenwälder kommen sowohl in den Tropen als auch in den Subtropen und in den gemäßigten Klimazonen vor.

Was hat es mit der Globalen Erderwärmung auf sich?

Als globale Erderwärmung wird der seit der Industrialisierung zu verzeichnende Anstieg der Durchschnittstemperatur in der Atmosphäre sowie der Meere bezeichnet. Die globale Erderwärmung ist folgenreich, da sie zu massiven Veränderungen der Lebensräume der Erde führt: Viele Arten könnten aufgrund einer Veränderung ihres Lebensraums aussterben. Ferner führt ein globaler Temperaturanstieg auf Dauer zum Schmelzen von

Polareis, was wiederum einen Anstieg des Meeresspiegels mit sich bringt, der wiederum küstennahe Landbereiche bedrohen würde.

Folgenhaft ist vor allem ein sehr schneller Anstieg der Temperatur, da dieser mit raschen Veränderungen der unterschiedlichen Lebensräume einhergeht, was dazu führen würde, dass möglicherweise nicht genügend Zeit für evolutive Anpassung der Tiere und Pflanzen an die neuen Umweltbedingungen und technisch-kulturelle Anpassung des Menschen bleibt.

Was ist der Klimawandel?

Der Begriff des Klimawandels bezeichnet allgemein eine Veränderung des Klimas. Wird heute in den Medien von *dem Klimawandel* gesprochen, ist die menschgemachte globale Erderwärmung gemeint.

Was ist die Ozonschicht und wieso ist sie so wichtig?

Ozon ist ein gasförmiges Molekül, das aus drei Sauerstoffatomen besteht. Für Menschen und Tiere ist Ozon giftig – es bewirkt unter anderem Reizungen der Atemwege und der Augen. In der Stratosphäre besteht jedoch die sog. Ozonschicht, die gewissermaßen Voraussetzung für das uns bekannte Leben auf der Erde ist. Diese Ozonschicht ist ein Bereich, in welchem das gasförmige Ozon in stark erhöhter Konzentration vorliegt. Da Ozon UV-B- und UV-C-Strahlung absorbiert, sorgt die Ozonschicht für eine Reduktion der Strahlenmenge, die die Erde erreicht. Das wiederum ist wichtig, da Menschen, Tiere und Pflanzen bei zu hoher Strahlendosis Schaden nehmen würden.

Was versteht man unter Ozonloch?

Als Ozonloch wird das Phänomen der Verringerung der Ozonschicht bezeichnet. Bedingt ist diese Abnahme der Ozonschicht maßgeblich durch den menschlich bedingten

Ausstoß bestimmter Gase. Insbesondere der FCKW-Ausstoß trägt massiv zur Verringerung der Ozonschicht bei.

Was ist ein Ökosystem?

Ein Ökosystem ist eine Art Lebensgemeinschaft von unterschiedlichen Organismen und ihrer Umwelt.

Welche sind die längsten Flüsse der Erde/ der verschiedenen Kontinente/ Deutschlands?

Der längste Fluss der Erde ist der Nil (6.650 Kilometer). An zweiter Stelle folgt der Amazonas (6.400 Kilometer). Danach folgen der Jangtsekiang (6.300 km), der Gelbe Fluss (5.464 km) und der Rio Parana (4.880 km).

Die fünf längsten Flüsse Europas sind die Wolga, die Donau, der Ural, der Dnepr und die Don.

Die fünf längsten Flüsse Asiens sind der Jangtsekiang, der Gelbe Fluss, der Mekong, die Lena und der Irtysch.

Die fünf längsten Flüsse Amerikas sind der Amazonas, der Rio Parana, der Mississippi, der Missouri River und der Rio Madeira.

Die fünf längsten Flüsse Ozeaniens sind der Murray River, der Murrumbidgee River, der Darling River, der Lachlan River und der Warrego River.

Die fünf längsten Flüsse Afrikas sind der Nil, der Kongo, der Niger, der Weiße Nil und der Sambesi.

Die fünf längsten Flüsse Deutschlands sind die Donau, der Rhein, die Elbe, die Oder und die Mosel.

Was sind die höchsten Berge der Erde/ der verschiedenen Kontinente?

Der höchste Berg der Erde ist der Mount Everest (8.848 Meter), gefolgt vom K2 (8.611 m), dem Kangchendzönga (8.586 m), dem

Lhotse I (8.516 m) und dem Makalu (8.481 m).

Die fünf höchsten Berge Europas sind der Elbrus (5.642 m), der Dychtau (5.205 m), der Schchra (5.193 m), der Koshtan-Tau (5.151) und der Kasbek (5.033 m).

Die fünf höchsten Berge Asiens sind identisch mit den höchsten Bergen der Erde.

Die fünf höchsten Berge Amerikas sind der Aconcagua (6.962 m), der Nevado Ojos del Salado (6.893 m), der Monte Pissis (6.793 m), der Nevado Huascaran (6.768 m) und der Cerro Bonete (6.759 m).

Die fünf höchsten Berge Ozeaniens sind der Mount Wilhelm (4.509 m), der Mount Giluwe (4.367 m), der Mount Kubor (4.359 m), der Mount Bangeta (4.121 m) und der Mount Kabangama (4.104 m).

Die fünf höchsten Berge Afrikas sind der Kilimandscharo (5.895 m), das Mount-Kenya-Massiv (5.199 m), der Mawenzi (5.149 m), die Stanley-Berge (5.109 m) und der Mount Speke (4.890 m).

Welche sind die flächenmäßig größten Länder der Erde?

Die fünf flächenmäßig größten Länder der Erde sind Russland (17.098.242 km²), Kanada (9.984.670 km²), USA (9.833.5178 km²), China (9.596.960km²) und Brasilien (8.515.770km²).

Was ist eigentlich Geschichtsschreibung?

Der Begriff der Geschichtsschreibung bezeichnet die Darstellung historischer Ereignisse. Geschichtsschreibung kann dabei mit ganz unterschiedlichem Anspruch betrieben werden. In der heutigen Geschichtswissenschaft sollen historische Ereignisse möglichst neutral und ohne Wirkabsicht wiedergegeben werden. Die Geschichtswissenschaft tritt also mit einem wissenschaftlich-sachlichen Anspruch auf. Dieser war zuvor keineswegs immer gegeben: Im Mittelalter und der Antike wurde Geschichtsschreibung häufig mit der Intention betrieben, eine bestimmte Sichtweise auf vergangene Ereignisse zu Ungunsten anderer Sichtweisen zu vermitteln. So wurden die tatsächlichen Geschehnisse häufig nicht sachgerecht wiedergegeben, sondern auf ein bestimmtes Ziel hin umerzählt. Auch die Tilgung in Missgunst geratener Persönlichkeiten aus der Geschichtsschreibung ist belegt. Ferner ist, historisch betrachtet, auch die Unterscheidung zwischen historischer und mythischer Vergangenheit ein eher neues Phänomen.

Die Tätigkeit der Geschichtsschreibung ist dabei immer problematisch: Geschichtsschreibende wählen Ereignisse, die überliefert werden, mehr oder weniger nach Belieben aus und lassen andere, die sie für nicht überlieferswert halten, in Vergessenheit geraten. Unser Bild der Vergangenheit ist damit sehr eng und wenig umfassend – wir wissen nur von wenigen bedeutenden Ereignissen, da andere schlicht nicht überliefert wurden. Ferner werden im Rahmen der Geschichtsschreibung zwangsläufig gewisse Interpretationen des Geschehenen vermittelt, um eine in sich schlüssige Geschichte erzählen zu können – ob diese Interpretationen des Geschehenen mit dem Tatsächlich-Geschehenen übereinstimmen, ist nicht nachprüfbar.

Die Geschichtsschreibung, so zentral sie für das menschliche Selbstverständnis als Wesen mit kollektiver Vergangenheit und daraus resultierender kollektiver Identität auch sein mag, ist also ein äußerst problembehaftetes Unterfangen – und dennoch von grundlegender Bedeutung, wenn Zugänge zum Menschen, zum Denken und zur Kultur gesucht werden. Wo Geschichtsschreibung als Schreibung und Erzählung historischer Vergangenheit fehlt oder nicht im Vordergrund steht, wird diese Rolle durch erzählte mythische Vergangenheit übernommen.

Was ist die Vorgeschichte?

Als Vorgeschichte oder Prähistorie wird die Zeit bezeichnet, aus der es keinerlei schriftliche Überlieferung gibt.

Welche geschichtlichen Quellen gibt es?

Als Primärquelle wird in der Geschichtswissenschaft allgemein eine direkte Quelle, die sich selbst nicht auf andere Quellen bezieht, bezeichnet. Im Gegensatz dazu gibt es auch Sekundärquellen: Das sind Quellen, die sich auf Primärquellen beziehen.

Was ist die Antike?

Klassischerweise wird als Antike der Zeitraum von etwa 800 v. Chr. bis 600 n. Chr. im griechisch-römischen Mittelmeerraum bezeichnet. Nach erweiterter Definition, die seltener verwendet wird, beginnt die Antike weitaus früher und ist auch räumlich deutlich weniger beschränkt – sie umfasst dann etwa auch das Alte Ägypten.

Was ist das Altertum?

Als Altertum wird in der Geschichtswissenschaft regelmäßig der Zeitraum zwischen der Mitte des vierten Jahrtausends vor Christus bis zum beginnenden Mittelalter, also bis etwa zum sechsten Jahrhundert nach Christus, im Mittelmeerraum und in Vorderasien bezeichnet. Das Altertum umfasst damit auch die Antike, die sowohl zeitlich als auch räumlich klassischerweise deutlich enger begrenzt wird.

Wann existierte das Alte Ägypten und was macht es besonders?

Als „Altes Ägypten" wird das Land Ägypten in der Zeit des Altertums bezeichnet. Das Alte Ägypten gilt als hochentwickelte Hochkultur, deren kulturelle Leistungen teilweise bis heute erhalten sind – etwa die Pyramiden, die Mumien und einige handwerkliche Überreste. Darüber hinaus sind diverse Schriftstücke sowie weitreichende Informationen über die Religion und diesbezügliche Kulthandlungen und Riten (auch die Mumifizierung war religiös bedingt) aus dem Alten Ägypten überliefert. Das Ägyptische Reich existierte etwa von 4000 vor Christus bis etwa 395 nach Christus, wobei die genuin ägyptische Kultur bereits früher zu verschwinden begann – die letzten etwa 727 Jahre des Alten Ägyptens werden als griechisch-römische Zeit bezeichnet, da Ägypten massiv unter dem Einfluss ebendieser Kulturen stand.

Die Alten Ägypter trieben Handel mit diversen anderen Völkern und waren dabei sowohl auf dem Land- als auch auf dem Seeweg unterwegs. Regiert wurde das Land vom Pharao, einem König, der als höheres Geistwesen, später als Mittler zwischen Menschen und Göttern angesehen wurde. Das Alte Ägypten verfügte über ein gut organisiertes Verwaltungswesen und über eine herausragende Medizin. Ferner sind große Leistungen in der Kunst und Architektur überliefert – etwa große Plastiken und die Pyramiden. Erstaunlich ist der starke Jenseits- und Todesbezug in der ägyptischen Kultur und Religion.

Wann existierte das Antike Griechenland und wieso spielt es eine so wichtige Rolle?

Das Antike Griechenland gilt als Wiege der heutigen westlichen Kultur. Als Antikes Griechenland wird heute die griechische Zivilisation von etwa 1.600 v.Chr. bis etwa 27 v. Chr. bezeichnet. In dieser Zeit entstanden zentrale Werke der Antiken Philosophie sowie der Mathematik, die die Entstehung sowohl der heutigen Philosophie als auch der heutigen Naturwissenschaften maßgeblich beeinflussten und als frühe Formen und Vorformen angesehen werden können. Eine Trennung zwischen Philosophie und Naturwissenschaft bestand zu dieser Zeit noch nicht.

Ferner entstanden zentrale literarische Werke, etwa die Ilias und die Odyssee zur Zeit des Antiken Griechenlands. Auch erste Frühformen einer Art Demokratie finden sich im Antiken Griechenland. Insgesamt kann konstatiert werden, dass die modernen Wissenschaften und die moderne Gesellschaft ohne die Entwicklungen, die im Antiken Griechenland stattfanden, wohl kaum in ihrer heutigen Form entstanden wären.

Griechenland existierte in der Antike keineswegs als zusammenhängender Staat wie heute. Das Gebiet bestand vielmehr aus unzähligen kleinen Stadtstaaten, die miteinander im Austausch standen. Später entstanden größere Staatsverbünde. Schließlich wurde Griechenland in das Römische Reich integriert.

Die im Antiken Griechenland gesprochene und geschriebene Sprache wird heute als Altgriechisch bezeichnet. Etliche Begriffe, die wir heute selbstverständlich verwenden, gehen auf altgriechische Begriffe zurück.

Wann existiere das Römische Reich?

Das Römische Reich bezeichnet das Gebiet des römischen Staats, der zwischen dem 8. Jahrhundert v. Chr. und dem 7. Jahrhundert n. Chr. existierte. Das Römische Reich, lateinisch *Imperium Romanum*, in der Selbstbezeichnung jedoch zunächst *Senatus Populusque Romanus*, also *Der römische Senat und das römische Volk*, umfasste zur Zeit seiner größten Ausdehnung den gesamten Mittelmeerraum, weite Teile West- und Südeuropas, sowie einige Gebiete in Vorderasien.

Das Römische Reich gilt auf vielen Gebieten als Vorbild: In Teilen Roms wurde ein Lebensstandard erreicht, der erst Jahrhunderte später wiedererlangt wurde. Ferner wurden kulturelle Höchstleistungen vollbracht – von Dichtung über Philosophie und bildende Kunst bis hin zur Architektur.

Im Jahr 395 n. Chr. wurde das Römische Reich in das Oströmische und das Weströmische Reich aufgeteilt, das von zwei unterschiedlichen Kaisern regiert wurde. Hauptstädte Westroms waren Mailand, Ravenna und teilweise Rom, Hauptstadt Ostroms Konstantinopel, das heute Istanbul heißt. Während Westrom 476 n.Chr. unterging, wurde das Oströmische Reich im 7. Jahrhundert nach Christus zum Byzantinischen Reich, das bis 1453 fortbestand.

Kaiser Otto I. wurde im Jahr 962 zum ersten Kaiser des Heiligen Römischen Reiches deutscher Nation, dem *Sacrum Imperium Romanum*, gekürt. Er knüpfte damit zwecks religiöser Herrschaftslegitimation an die Tradition des Römischen Reichs an.

Was ist Mesopotamien?

Mesopotamien, auch Zweistromland genannt (vom griechischen Wort „mesopotomia", das „zwischen Flüssen" bedeutet, abgeleitet), bezeichnet die Kulturlandschaft zwischen den Flüssen Euphrat und Tigris, die als Wiege der altorientalischen Kultur gilt. Hier waren die Hochkulturen der Sumerer, der Babylonier und der Assyrer angesiedelt.

Was war die Indus-Kultur?

Als „Indus-Kultur" wird heute die Zivilisation in der Region des Flusses Indus zwischen etwa 2.800 und 1.800 v. Chr. bezeichnet. Zu dieser Zeit entwickelte sich dort eine Art städtische Zivilisation. Neben dem Alten Ägypten und Mesopotamien fand sich im Bereich des Indus eine der frühesten belegten menschlichen Zivilisationen im heutigen Sinne. Die Indus-Kultur umfasste dabei Teile des heutigen Indiens, das heutige Pakistan und das heutige Afghanistan. Sowohl das Land Indien als auch der Sammelbegriff des Hinduismus, unter dem etliche verschiedene Religionen und Philosophien zusammengefasst werden, lassen sich begrifflich auf den Fluss Indus zurückführen.

Wann existierte das Perserreich?

Mit dem Begriff des Perserreichs oder des Persischen Reichs wird das in der Antike existierende Reich der Perser bezeichnet, welches von etwa 550 v. Chr. bis etwa 330 v.Chr. sowie später als sog. Neupersisches Reich von etwa 224 n. Chr. bis etwa 651 n. Chr. bestand. Die Ausdehnung des Reichs variierte stark – teilweise reichte es von Thrakien (eine Region in der östlichen Balkanhalbinsel, heute liegen hier Gebiete Bulgariens, Griechenlands und der Türkei) bis nach Nordindien und Ägypten. Die Eigenbezeichnung im Persischen Reich lautete jederzeit „Iran".

Wann war das Mittelalter?

Als Mittelalter wird die europäische Epoche zwischen Antike und Neuzeit bezeichnet – das Mittelalter trägt seinen Namen also, da es als Mitte zwischen zwei anderen Epochen liegt. Die Datierung von Beginn und Ende des Mittelalters ist umstritten. Klassischerweise wird der Beginn des Mittelalters entweder mit dem Ende des Römischen Reichs und der Eroberung Roms 476, mit der Christianisierung Europas oder mit dem Beginn der Vormachtstellung der Germanen in Europa gesetzt. Durchgesetzt hat sich die ungefähre Datierung des Mittelalters auf die Jahre 500 bis 1500, wobei selbstverständlich keine klaren Epochengrenzen auszumachen sind.

Kennzeichnend für das Mittelalter, das in sich keineswegs eine konsistente Zeit war, ist die Vormachtstellung des Christentums in jeglichem Bereich der Gesellschaft. Kultur, Zusammenleben, Wissenschaft und Alltag sind wesentlich geprägt durch die christliche Religion.

Die mittelalterliche Gesellschaft war als Ständegesellschaft organisiert: Der Klerus sorgte für das Seelenheil, der Adel für die Verteidigung und Sicherheit, Bürger und Bauern arbeiteten, um die Gesellschaft zu ernähren. Diese Ständeordnung wurde als gottgewollt aufgefasst, die Herrschenden folglich durch Gott legitimiert.

Was waren die Kreuzzüge?

Als Kreuzzüge werden mehrere Kriege, die von christlichen Rittern, die euphemistisch „Kreuzfahrer" genannt werden, gegen vornehmlich muslimisch Menschen im Heiligen Land (heute: Israel und palästinensische Gebiete) geführt wurden, bezeichnet. Die aus Europa stammenden Kreuzritter wollten diese Region, die in allen drei großen abrahamitischen Religionen von zentraler Bedeutung ist, einnehmen und christianisieren. Zwischen 1096 und 1275 fanden mehrere Kreuzzüge statt. Im Heiligen Land bildeten sich im Zuge dessen Kreuzfahrerstaaten, die sich 1291 auflösten.

Was war das Lehenswesen?

Das Lehenswesen, auch Lehnswesen genannt, war im Mittelalter stark verbreitet. Ein König, Fürst o.ä. als Herrscher über ein Gebiet konnte nicht beständig an jedem Ort anwesend sein und seine gesamten Besitztümer eigenständig verwalten. Aus diesem Grund verlieh er bestimmte Teilbereiche seines Landes als sog. *Lehen* an sog. *Lehensnehmer* oder *Vasallen*. Dabei handelte es sich um Herzöge, Mark- und Pfalzgrafen, aber auch um Bischöfe, Äbte und Äbtissinnen. Diese Vasallen, die ihr Lehen direkt vom obersten Herrscher erhielten, wurden als *Kronvasallen* bezeichnet. Sie verliehen ihrerseits bestimmte Teile ihres Lehens an weitere Lehensnehmer. Bei diesen handelte es sich um Ministeriale, Ritter oder Grafen.

Mit der Herrschaft über das Land ging auch die Herrschaft über die dort lebende Bevölkerung einher. Die Kronvasallen waren dem obersten Herrscher verpflichtet und übten Macht über ihre Untervasallen aus, die wiederum den Kronvasallen als ihren Lehensherren verpflichtet waren und selbst Macht über die unfreien Bauern ausübten. Mit einem Lehen ging also nicht nur Macht über Land, sondern auch über Menschen einher. Ferner umfassten Lehen häufig Steuer-, Zoll-, Münzpräge- und Ressourcenzugangsrechte.

Im Gegenzug für das Lehen mussten die Vasallen ihrem jeweiligen Lehensherrn treu sein. Im Falle eines Konflikts konnte der König also auf seine Kronvasallen zählen, die wiederum auf ihre Untervasallen, die wiederum auf die einfache Bevölkerung zählen konnten. Gleichzeitig garantierte der jeweilige Lehensherr seinen Untertanen Schutz.

Auch diese Ordnung wurde als Teil der mittelalterlichen Ständegesellschaft als von Gott gewollt verstanden.

Was sind Frondienste?

Untertanen waren den Lehnsherren, die über sie herrschten, sowohl Arbeiten als auch Abgaben schuldig. Die unvergüteten Arbeiten, die sie zu leisten hatten, werden als Frondienste bezeichnet. Die Abgaben werden *Fron* genannt.

Wodurch zeichnete sich ein Ritter aus?

Unter einem Ritter können wir uns auch heute noch etwas vorstellen. Leider divergieren heutiges und historisches Ritterbild erheblich. Ritter waren im europäischen Mittelalter schwerbewaffnete, berittene Krieger. Im späten Mittelalter bezeichnete der Ritterbegriff ferner einen neuen Adelsrang – die weiterhin bewaffneten Ritter waren nun nicht mehr zwischen Freiheit und Unfreiheit angesiedelt, sondern gehörten dem Adel an.

Das verklärte Bild des Ritters, das sowohl die mittelhochdeutsche Literatur, die von den Rittertugenden *mâze, triuwe, êre, stæte, milte, kiusche, diemüete, erbærmde, vrümecheit, hövescheit, rîche und hochgemüete* erzählte, als auch die Literatur des 19. Jahrhunderts, in der der Ritter zum edlen und gerechten Krieger stilisiert wurde, produzierten, ist historisch keineswegs haltbar. Untereinander mag der Ehrenkodex der Ritter eingehalten worden sein; Rangniedrigere und Nicht-Christen wurden hingegen mitunter erbarmungslos und auf grausame Weise getötet.

Ferner war längst nicht jeder bewaffnete Krieger, der im Mittelalter für einen Lehnsherrn in den Krieg zog, ein Ritter. Die meisten der bewaffneten Kämpfer waren Unfreie, die gezwungen waren zu kämpfen, oder Adlige, die aus finanziellen Gründen gegen Entlohnung als berittene Edelknechte kämpften. Letztere stellten den überwiegenden Teil der berittenen Krieger des Mittelalters und waren hinsichtlich der Ausstattung und des Vorgehens kaum von den Rittern zu unterscheiden.

Was war das Heilige Römische Reich (Deutscher Nation)?

Das Heilige Römische Reich (Deutscher Nation), das *Sacrum Imperium Romanum*, war die offizielle Bezeichnung des Herrschaftsbereichs der deutsch-römischen Kaiser von 962 bis 1806. Otto I. wurde zum ersten römisch-deutschen Kaiser gekrönt. Das Heilige Römische Reich kann nicht als zusammenhängender Staat, sondern vielmehr als loser Bund etlicher Kleinstaaten verstanden werden, die allesamt über einen eigenen Herrscher verfügten.

Der Grund für den begrifflichen Bezug auf das Römische Reich ist der der religiösen Herrschaftslegitimation. Im Mittelalter wurden Heils- und Weltgeschichte als gemeinsam verlaufend gedeutet. Historische Ereignisse wurden dieser Auffassung folgend immer als Teil der Heilsgeschichte, deren Verlauf wiederum als in der Bibel festgeschrieben verstanden wurde, gedeutet. Aus der biblischen Geschichte der Danielsvisionen wurde diesem christlich-hermeneutischen Weltverständnis folgend der Verlauf der Weltgeschichte abgeleitet: Vier große Weltreiche sollten aufeinander folgen, ehe die Herrschaft Gottes oder des Antichristen anbrechen würde. Diese Auffassung wurde als Vier-Reiche-Lehre bezeichnet und war im Mittelalter Lehrmeinung der christlichen Kirche. Die vier Weltreiche wurden bereits in der Spätantike durch Hieronymus als das Babylonische Reich, das Perserreich, das Reich Alexanders des Großen und das Römische Reich gedeutet. Nun stand die christliche Welt vor dem Problem des Untergangs des Römischen Reichs ohne Beginn der Gottesherrschaft. Um weiterhin als von Gott gewählter Herrscher auftreten zu können, musste das Römische Reich folglich fortbestehen. Diese Idee der Weitergabe der Römischen Herrschaft an den römisch-deutschen Kaiser wurde und wird als *translatio imperii*, also als Übertragung oder Weitergabe des Reichs, bezeichnet. Nur so konnte die Herrschaft weiterhin unter Berufung auf Gottgegebenheit ausgeübt werden.

Zunächst wurde diese translatio imperii vom Römischen auf das Fränkische Reich durchgeführt: Karl der Große wurde 800 zum Kaiser gekrönt, womit das Frankenreich als Fortführer des Römischen Reichs galt und Karls Herrschaft religiös legitimiert war. Nach dem Zerfall des Frankenreichs ging die Kaiserkrone an das römisch-deutsche Reich, das sich nun als Fortführer des Römischen Reichs verstand.

Wer war Karl der Große?

Karl der Große, lateinisch *Carolus Magnus*, französisch und englisch *Charlemagne*, war von 768 bis 814 König des Frankenreichs. Ab 800 trug er außerdem die Kaiserwürde – als erster Westeuropäer seit der Antike. Zum Kaiser wurde er im Jahr 800 in Rom durch Papst Leo III. gekrönt. Seine Herrschaft war damit religiös legitimiert und stand der Idee der translatio imperii folgend in direkter Fortführung des Römischen Reichs. Später ging die Kaiserwürde an das Ostfrankenreich, aus dem das Heilige Römische Reich entstand, über.

Unter Karl dem Großen gelangte das Frankenreich zu seiner größten Ausdehnung.

Wer war Otto I.?

Otto I. war Herzog von Sachsen, König des Ostfrankenreichs, König von Italien und erster römisch-deutscher Kaiser. Im Sinne der translatio imperii ging die römische Kaiserwürde, die mit der

Kaiserkrönung Karls des Großen an das Frankenreich gelangt war, an Otto. Er begründete damit das Heilige Römische Reich.

Wann und was war die Renaissance?

Als Renaissance wird die an das Mittelalter anschließende Epoche bezeichnet, die ganz im Zeichen der Rückbesinnung auf antike Ideale stand. Das Mittelalter wurde abgewertet, woher die auch heute noch verbreitete Auffassung des *finsteren Mittelalters* stand. Sowohl im Bildungsbereich als auch in der Kunst, in der Architektur und im gesamten Habitus orientierte sich die Renaissance stark an der Antike.

Wer war Kolumbus?

Christoph Kolumbus war ein italienischer Seefahrer, der für die spanische Krone arbeitete. Er entdeckte als mutmaßlich erster Europäer den amerikanischen Kontinent.

Wann und was war die Neuzeit?

Als Neuzeit wird gemeinhin die an das Mittelalter anschließende Großepoche bezeichnet, die in sich keineswegs konsistent ist. Ihre Abgrenzung zum Davor und Danach ist nur schwer möglich und wird teilweise gar nicht explizit vorgenommen. Kennzeichnend ist in jedem Falle die langsame Abgrenzung vom mittelalterlich-religiösen Denken hin zu einem individualisierten, wissenschaftlichen Weltbild. Auch die Renaissance wird zur Neuzeit gezählt. Sie markiert den meisten Definitionen zufolge ihren Beginn. Im heutigen Sinne ist die Neuzeit vor allem aufgrund der Hinwendung zu wissenschaftlichem Denken von massiven technischen Veränderungen der Lebenswelt des Menschen geprägt.

Wann und warum fand die Reformation statt?

Als Reformation wird ein Prozess in der christlichen Kirche bezeichnet, der zur Abspaltung der Protestanten führte.

Bekanntester Akteur der Reformation ist Martin Luther. Die Reformation wandte sich gegen den Ablasshandel und andere Praktiken innerhalb der christlichen Kirche. Es wurde proklamiert, Seelenheil könne nicht erworben, sondern nur als Geschenk Gottes erhalten werden.

Neben Martin Luther gab es auch andere zentrale Akteure – etwa Johannes Calvin oder Huldrych Zwingli. Da die Akteure der Reformation unterschiedliche Auffassungen hinsichtlich der Art der Erneuerung der Kirche unc der Glaubenslehre hatten, spaltete sich die Reformationsbewegung in unterschiedliche Einzelkirchen. Diese Aufteilung des Protestantismus in unterschiedliche Strömungen ist bis heute präsent.

Was war der Dreißigjährige Krieg und wann fand er statt?

Der Dreißigjährige Krieg dauerte von 1618 bis 1648. In diesem Konflikt entluden sich verschiedene schwelende Konflikte in Europa: Unterschiedlichste Mächte kämpften um weltliche und religiöse Vorherrschaft in Europa und im Heiligen Römischen Reich. Im Heiligen Römischen Reich herrschten zu dieser Zeit sowohl politische als auch religiöse Schwierigkeiten vor – die Kaisernachfolgefrage war ungeklärt und löste Streitigkeiten aus; außerdem standen sich verschiedene christliche Gruppen unversöhnlich gegenüber. Darüber hinaus schwelten in Europa andere Konflikte – so standen etwa Spanien und Frankreich im Krieg gegeneinander, Spanien versuchte, die abtrünnigen Niederlande zurückzuerobern. Weitere Gebietsfragen in Europa waren ungeklärt.

Eigentlicher Auslöser des Kriegs war der sog. Zweite Prager Fenstersturz. Im Rahmen von Unruhen, die durch das Verbot der Ausübung der evangelischen Religion ausgelöst worden waren, stürzten Adlige, die die Prager Burg gestürmt hatten, zwei kaiserliche Vertreter sowie einen Sekretär aus dem Fenster – die drei Männer überlebten den Sturz. Dennoch war er Anlass für einen Religionskrieg in Böhmen. Dieser Funke übertrug sich und auch die anderen schwelenden Konflikte brachen offen aus.

Der Dreißigjährige Krieg endete mit dem Westfälischen Frieden.

Was ist der Westfälische Frieden?

Der Westfälische Frieden markierte das Ende des Dreißigjährigen Kriegs sowie des achtzigjährigen Unabhängigkeitskriegs der Niederlande.

Was ist die Aufklärung und wann war die Epoche der Aufklärung?

„Aufklärung ist der Ausgang des Menschen aus seiner selbst verschuldeten Unmündigkeit. Unmündigkeit ist das Unvermögen, sich seines Verstandes ohne Leitung eines anderen zu bedienen" schreibt Immanuel Kant in seinem Aufsatz *Was ist Aufklärung*. Das Zeitalter der Aufklärung, das ins 18. Jahrhundert fällt, ist geprägt von der Hinwendung zum menschlichen Verstand, der fortan als eigene Größe verstanden wird. Wurde der Mensch zuvor als gottergeben verstanden, ist er nun in erster Linie ein Verstandeswesen, das in der Lage ist, rational zu Erkenntnis, Moral und Wissen zu gelangen. Anders als vielfach angenommen fand in der Aufklärung jedoch keine radikale Abwendung vom Gottesglauben statt. Viele Aufklärer, so etwa Gotthold Ephraim Lessing in seinem Werk *Die Erziehung des Menschengeschlechts*, versuchten, Vernunft und Gottesglaube in Einklang zu bringen, gaben also nicht den Glauben selbst, sondern lediglich die Unterordnung des Menschen unter diesen auf.

Was versteht man unter Absolutismus?

Als Absolutismus wird eine Form der Monarchie bezeichnet, bei der ein Herrscher die vollkommene Macht innehat. Weder demokratische noch ständische oder sonstige Institutionen haben ein Mitspracherecht.

Was war Preußen?

Als „Preußen" werden verschiedene Staats- und Teilstaatsgebilde bezeichnet. Als Land entstand Preußen im Spätmittelalter. Zunächst wurden kleinere Bereiche an der Ostsee zwischen Pommern, Litauen und Polen mit diesem Namen bezeichnet. Ab 1701 wurde er dann auf ein weitaus größeres Gebiet angewandt, was darauf zurückzuführen ist, dass der brandenburgische Kurfürst sich fortan als *König in Preußen* bezeichnete. Als Bezeichnung seines Herrschaftsgebiets setzte sich in der Folge die Bezeichnung *Königreich Preußen* durch. Das Königreich Preußen umfasst sowohl Gebiete innerhalb als auch außerhalb des Heiligen Römischen Reichs. Es wurde später Teilstaat des Deutschen Bundes, anschließend des Norddeutschen Bundes und später des Deutschen Reiches. Sowohl im Norddeutschen Bund als auch im Deutschen Reich nahm Preußen eine Vormachtstellung ein. Aus dem Königreich Preußen wurde 1918 der Freistaat Preußen, der weiterhin bedeutendster Teilstaat des Deutschen Reichs war. Im Nationalsozialismus verlor der Freistaat Preußen seine weitgehende Autonomie im Deutschen Reich. 1947 wurde Preußen auch formal aufgelöst.

Wofür wurde in der Amerikanischen Revolution gekämpft?

Als Amerikanische Revolution werden die Ereignisse, die zur Loslösung der nordamerikanischen Kolonien von Großbritannien führten, bezeichnet. Zu diesen zählt auch der Unabhängigkeitskrieg. Als Beginn der Amerikanischen Revolution wird in der Regel das Jahr 1763 angegeben. Der Unabhängigkeitskrieg begann 1775 und führte zur Erklärung der Unabhängigkeit am 4. Juli 1776. Der 4. Juli ist als Unabhängigkeitstag bis heute Nationalfeiertag der USA.

Wann und warum fand die Französische Revolution statt?

Als Französische Revolution werden die Ereignisse bezeichnet, die zum Ende der Monarchie in Frankreich und zur Ausrufung der Republik führten. Die Französische Revolution ereignete sich zwischen 1789 und 1799. Ihre Ideale *Freiheit, Gleichheit* und *Brüderlichkeit* sind bis heute bekannt. Zu ihren Errungenschaften zählen die Gleichbehandlung der Menschen unabhängig von ihrem gesellschaftlichen Stand und die Freiheit des Einzelnen. Geführt wurde sie im Geiste der Aufklärung – für den vernunftbegabten Menschen war die mit der Monarchie einhergehende Unterdrückung, die sich auf eine gottgegebene Ordnung berief, nicht mehr hinnehmbar. Nicht ignoriert werden dürfen jedoch die Vorgehensweisen der Revolutionäre: Schlösser wurden in Brand gesteckt und Gegner der Revolution hingerichtet.

Was war die Revolution von 1848/49?

Die Revolution von 1848/49 war eine auf Unabhängigkeit und die Errichtung eines einheitlichen deutschen Staates zielende Bewegung in den Teilstaaten des Deutschen Bundes sowie in einigen deutschsprachigen Gebieten, die nicht zum Deutschen Bund zählten. Sie scheiterte.

Was ist eigentlich die Industrialisierung?

Als Industrialisierung wird der Prozess von einem Agrar- hin zu einem Industriestaat bezeichnet. Die Industrialisierung geht einher mit der Gründung und dem Aufstieg von Fabriken, Massenproduktion und stark maschinell-technisierter Produktion. In Europa begann die Industrialisierung zunächst in England.

Wann existierte das Deutsche Reich?

Der 1871 gegründete und 1945 untergegangene deutsche Nationalstaat wurde als *Deutsches Reich* bezeichnet. Drei große Phasen des Deutschen Reichs werden unterschieden: Das Deutsche Kaiserreich, das bis 1918 existierte, die Weimarer Republik, die bis zur Machtergreifung existierte und das sog. Dritte Reich der NS-Diktatur.

Wann fand der Erste Weltkrieg statt und wer kämpfte warum gegen wen?

Der Erste Weltkrieg begann 1914 und endete 1918. Auslöser für den Weltkrieg war die Ermordung des österreichischen Thronfolgers durch einen serbischen Nationalisten. Das Deutsche Kaiserreich sicherte Österreich-Ungarn daraufhin kriegerische Unterstützung in einem etwaigen Konflikt zu, woraufhin Österreich-Ungarn gegen Serbien vorging, was Serbiens Verbündeten Russland auf den Plan rief. Frankreich wiederum sicherte Russland als Verbündeter Unterstützung im Kriegsfall zu. Deutschland erklärte daraufhin sowohl Russland als auch Frankreich den Krieg und griff Frankreich unter Missachtung der Neutralität Belgiens und Luxemburgs an. Als Reaktion auf den Einmarsch in Belgien griff Großbritannien mitsamt Kolonien und Überseegebieten in den Krieg ein, wodurch dieser zum Weltkrieg wurde.

Im Laufe des Krieges traten immer mehr europäische, asiatische, afrikanische, ozeanische und amerikanische Mächte in den Krieg ein, da sie direkt oder indirekt von ihm betroffen waren. Auf Seiten der sog. *Mittelmächte* Deutschland und Österreich-Ungarn standen Bulgarien und das Osmanische Reich. Alle anderen kämpfenden Mächte standen auf der anderen Seite und werden daher der sog. *Entente* zugerechnet. Die USA traten im Jahr 1917 in den Krieg ein, was als Reaktion auf Deutschlands *uneingeschränkten U-Boot-Krieg*, bei dem auch Schiffe neutraler Staaten versenkt wurden, verstanden werden kann.

Der Erste Weltkrieg unterschied sich von allen vorherigen Kriegen vor allem dadurch, dass er hochtechnisiert geführt wurde. Giftgas, U-Boote, Maschinengewehre, Bomben und Panzer sorgten dafür, dass dieser Krieg weitaus vernichtender war als alle vorherigen. Insgesamt starben etwa 17 Millionen Menschen.

Die Entente-Mächte gewannen den Krieg, der mit dem Versailler Vertrag endete. In diesem wurde die alleinige Kriegsschuld Deutschlands festgeschrieben. Ferner veränderte er die politische Landkarte in Europa massiv.

Was ist Kolonialismus?

Als Kolonialismus wird die Inbesitznahme eines auswärtigen Gebietes durch einen Staat bezeichnet, bei dem die einheimische Bevölkerung des auswärtigen Gebiets vertrieben, ermordet oder unterworfen wird. Der Kolonialismus war lange Zeit verbreitet – europäische Großmächte kolonialisierten große Teile Afrikas, Amerikas, Ozeaniens und Teile Asiens. Später gab es auch außereuropäische Kolonialmächte.

Motive für den Kolonialismus waren vor allem der Gedanke, scheinbar unzivilisierte Völker zu zivilisieren, d.h. ihnen die europäisch-westlichen Werte oktroyieren zu wollen, was nicht selten mit christlichem Denken verbunden war, und das Streben nach Vorherrschaft in der Welt.

Wann existierte die Sowjetunion?

Die Sowjetunion war ein föderalistischer, sozialistischer Einparteienstaat. Der Staat gründete sich 1922 aus Sowjetrussland, der Ukrainischen SSR, der Weißrussischen SSR und der Transkaukasischen SSR. Aufgelöst wurde die Sowjetunion 1991. Der Auflösung der Sowjetunion waren Konflikte zwischen verschiedenen Teilnationen sowie Unabhängigkeitsbestrebungen einzelner Teilnationen, die sich auf ihre nationale Identität beriefen, vorausgegangen. Auch die deutsche Wiedervereinigung trug zum Ende der Sowjetunion bei, da sie durch diese indirekt in ihrer wirtschaftlichen Macht geschwächt wurde. Als Fortsetzerstaat der Sowjetunion gilt Russland, das die größte Teilnation der Sowjetunion war.

Was war die Weimarer Republik?

Als Weimarer Republik wird das Deutsche Reich zwischen dem Ende des Ersten Weltkriegs und der Machtergreifung Hitlers bezeichnet. Die Bezeichnung geht auf Weimar als Ort, an dem die Verfassung der Republik erarbeitet wurde, zurück. Die Weimarer Republik gilt als politisch instabil: Sie war geprägt durch Inflation, hohe Reparationszahlungen, die Weltwirtschaftskrise, schwierige bis unmögliche Regierungsbildungen, ständige Neuwahlen, allgemeine Unzufriedenheit mit dem Versailler Vertrag und eine Zersplitterung der politischen Landschaft. Stabile Mehrheiten im Parlament konnten selten aufgebaut und nie gehalten werden, was auch auf das Fehlen einer Einzugshürde zurückzuführen ist.

An der Spitze der Republik stand der Reichspräsident, der für sieben Jahre gewählt wurde, den Reichskanzler ernannte, die Reichswehr befehligte und den Reichstag auflösen konnte. Er hatte damit umfassende Machtbefugnisse und wird deshalb in der Geschichtswissenschaft teilweise als *Ersatzkaiser* interpretiert. Die Regierung führte der Reichskanzler.

Nach dem Tod Paul von Hindenburgs ernannte Reichskanzler Adolf Hitler sich selbst zum Reichspräsidenten, was er durch eine anschließende Volksabstimmung legitimieren ließ. Er vereinte damit die gesamte politische Macht auf sich, was er nutzte, um die Demokratie qua Notstandsgesetzgebung auszuhebeln. Das bedeutete das faktische Ende der Republik.

Wer war Otto von Bismarck?

Otto von Bismarck war mit kurzer Unterbrechung von 1862 bis 1890 preußischer Ministerpräsident. Darüber hinaus war er von 1867 bis 1871 zugleich Bundeskanzler des Norddeutschen Bundes und von 1871 bis 1890 erster Reichskanzler des Deutschen Reichs. Die Politik im Deutschen Kaiserreich prägte er in dieser Zeit maßgeblich. Zuvor hatte er mit politischen und militärischen Entscheidungen immer wieder auf die Gründung eines geeinten deutschen Staates hingewirkt – er war federführend am Deutsch-Dänischen Krieg, am Deutschen Krieg und am Deutsch-Französischen Krieg beteiligt.

Innenpolitisch dämmte Bismarck im sog. Kulturkampf den Einfluss der katholischen Kirche innerhalb des Deutschen Reichs massiv ein. Ferner führte er die Sozialversicherung ein und erarbeitete das sog. Sozialistengesetz, das sozialdemokratische, sozialistische und kommunistische Bestrebungen und Vereine für illegal erklärte und Repressionen gegen sie legitimierte.

Wer war Paul von Hindenburg?

Paul von Hindenburg war Generalfeldmarschall und zweiter Reichspräsident des Deutschen Reichs. Im Ersten Weltkrieg leitete er die Oberste Heeresleitung, die faktisch das politisch-militärische Geschehen bestimmte. 1925 wurde er zum Reichspräsidenten gewählt. 1932 wurde er wiedergewählt. 1933 ernannte er Adolf Hitler zum Reichskanzler.

Hindenburg stand der Demokratie kritisch gegenüber – er war überzeugter Monarchist. Dennoch verhielt er sich weitgehend verfassungskonform und überschritt seine ihm als Reichspräsident zustehenden Rechte nicht. Seine Rechte waren jedoch weitgehend: So unterschrieb er nach der Ernennung Hitlers zum Reichskanzler etwa zwei Notstandsverordnungen, die die Grundrechte weitgehend aufhoben.

Wann fand die Machtergreifung statt?

Als Machtergreifung wird die Machtübernahme Hitlers im Jahr 1933 bezeichnet. Er wurde von Hindenburg zum Reichskanzler ernannt, erwirkte Notstandsverordnungen, die die Grundrechte und demokratischen Rechte weitgehend aufhoben, und erlangte nach Hindenburgs Tod als Reichskanzler und -präsident die uneingeschränkte Macht.

Was regelte das Ermächtigungsgesetz?

Mit dem Ermächtigungsgesetz schaltete die NSDAP den Reichstag als gesetzgebende Gewalt faktisch aus. Hitler erhielt durch dieses Gesetz faktisch die alleinige Macht im Staat und wurde mit den Stimmen der NSDAP, der DNVP, des Zentrums, der BVP, der DStP, des CSVd, der DVP, der Bauernpartei und des Landbunds angenommen. Die SPD stimmte gegen das Gesetz. Die KPD, drittstärkste Kraft im

Reichstag, wurde durch die NSDAP an der Abstimmung gehindert – die Abgeordneten waren entweder unerlaubterweise verhaftet worden oder geflohen, um dem Terror der NSDAP zu entkommen. Auch einige Abgeordnete der SPD waren vor der Abstimmung festgenommen worden oder geflohen.

Was wurde mit der Gleichschaltung bezweckt?

Als Gleichschaltung wird die Vereinheitlichung jeglicher Aspekte des politischen, kulturellen und sozialen Lebens im Rahmen der Machteroberung der NSDAP bezeichnet. Jegliche Vereine und Institutionen wurden aufgelöst und als nationalsozialistische neugegründet. Pluralität und Heterogenität in der Gesellschaft sollten damit ausgelöscht werden.

Wann fand die Reichsprogromnacht statt?

In der Nacht vom 9. auf den 10. November 1938 fanden in Deutschland und Österreich von der NSDAP gelenkte Gewaltmaßnahmen gegen Juden statt. Geschäfte, die von Juden betrieben wurden, wurden ebenso zerstört wie Synagogen.

Wann existierte das Dritte Reich?

Als Drittes Reich wird das Deutsche Reich von der Machtergreifung Hitlers im Jahr 1933 bis zum Ende des Zweiten Weltkriegs im Jahr 1945 bezeichnet. Im Dritten Reich wurden auf Grundlage der NS-Ideologie umfassende und vielfältige Kriegs- und Menschlichkeitsverbrechen begangen. Neben dem Angriffskrieg auf diverse Länder, dem Holocaust und der Euthanasie zählen dazu etwa auch Zwangssterilisierungen von Menschen, die für lebensunwert befunden wurden.

Wann fand der Zweite Weltkrieg statt und wie verlief er?

Der Zweite Weltkrieg begann 1939 mit dem deutschen Überfall auf Polen. Kriegsziele waren sowohl machtpolitisch als auch rassistisch motiviert: So wollte Hitler einerseits Deutschland als Großmacht mit absoluter Vormachtstellung etablieren, andererseits „Lebensraum im Osten" für eine als höherwertig angesehene postulierte „arische Rasse" schaffen und als minderwertig angesehene Rassen zugleich vernichten oder verdrängen und in diesem Zuge das Judentum in Gänze auslöschen.

Im weiteren Verlauf eroberte Deutschland beinahe das gesamte Europa, wurde dann jedoch zurückgedrängt – entscheidend waren hierbei unter anderem die Landung der Alliierten in der Normandie und die Schlacht um Stalingrad, die für die Wehrmacht verlustreich endete und das weitere Fortschreiten in Richtung Osten verhinderte.

Auf Seiten Deutschlands kämpften Italien und Japan. Als Alliierte werden die Sowjetunion, Frankreich, Großbritannien und die USA, die späteren Siegermächte, bezeichnet. Beteiligt waren außerdem etliche weitere Länder, die auf Seiten der Alliierten standen und von deutschen, italienischen oder japanischen Truppen angegriffen worden waren.

Parallel zum Zweiten Weltkrieg wurde die Vernichtung der Juden und anderer der NS-Ideologie zufolge minderwertiger Menschen vorangetrieben. Millionen Menschen wurden verhaftet, deportiert und getötet.

Wer war Adolf Hitler?

Hitler wurde 1889 in Österreich geboren, wurde 1921 Vorsitzender der NSDAP und versuchte 1923 durch einen Putsch die Macht in Deutschland zu erlangen, was misslang. In der anschließenden Haft schrieb er das Buch *Mein Kampf*, in dem er eine rassistische Ideologie ausarbeitete, die später Grundlage seines diktatorischen Handelns wurde. Hitler wurde am 30. Januar 1933 durch Paul von Hindenburg zum Reichskanzler ernannt. Nach Hindenburgs Tod wurde er außerdem Reichspräsident und vereinigte, gestützt durch Notstandsgesetze und das Ermächtigungsgesetz, die gesamte Macht im Staat auf sich. Von 1933 bis 1945 führte er

Deutschland als Drittes Reich diktatorisch. Er arbeitete die rassistische NS-Ideologie aus und setzte sie unter anderem im Zweiten Weltkrieg, der als Vernichtungskrieg geführt wurde, im Holocaust, in der Krankenermordung und in der Ausgestaltung des politisch-kulturellen Lebens von 1933 bis 1945 um. Basis der NS-Ideologie, die von Hitler erarbeitet wurde, war die Einteilung der Menschen in Rassen, die hierarchisch geordnet und teilweise als lebensunwert bezeichnet wurden. An der Spitze stand die arische oder germanische Rasse, ganz unten standen Jüdinnen und Juden. Als Reaktion auf die Niederlage Deutschlands im Zweiten Weltkrieg suizidierte er sich.

Was geschah im Holocaust?

Als Holocaust wird die Vernichtung von Jüdinnen und Juden im Dritten Reich bezeichnet. Die industrialisierte und durchorganisierte Massenvernichtung fand in sog. Konzentrationslagern statt. Hier starben während des Zweiten Weltkriegs zwischen 5,6 und 6,3 Millionen Jüdinnen und Juden. Grundlage für die industriell-systematische Massenvernichtung war die rassistische Ideologie des NS-Regimes, die im Dritten Reich propagiert wurde. Im Judentum wird der Holocaust als Schoa bezeichnet.

Was war ein KZ?

Als KZ werden Einrichtungen bezeichnet, in denen das NS-Regime systematisch Jüdinnen und Juden, psychisch Kranke, Behinderte, Sinti und Roma sowie andere Menschen, die der rassistischen NS-Ideologie zufolge minderwertig waren, tötete.

Was wurde als Euthanasie bezeichnet?

Der Begriff der Euthanasie wurde als Euphemismus für die Krankenmorde während des Dritten Reichs verwendet: Behinderte, psychisch Kranke und diverse weitere Gruppen von Menschen, die der NS-Ideologie zufolge als lebensunwert einzustufen waren, wurden systematisch getötet.

Was war der Kalte Krieg?

Als Kalter Krieg wird das Wettrüsten der westlich-kapitalistischen und der östlich-kommunistisch/sozialistischen Staaten in der Zeit nach dem Zweiten Weltkrieg bezeichnet. Die USA und die Sowjetunion standen sich dabei als Hauptvertreter des jeweils von ihnen repräsentierten Blocks gegenüber. Das Wettrüsten fand vor allem auf militärischer, aber auch auf technischer Ebene statt. So fand auf beiden Seiten eine massive technisch-militärische Hochrüstung statt.

Wann wurde die DDR gegründet und wodurch zeichnete sie sich aus?

Die DDR entstand aus der sowjetischen Besatzungszone und existierte von 1949 bis 1990. Sie war als sozialistischer Einparteienstaat ohne Möglichkeit echter demokratischer Mitwirkung organisiert und kann daher als sozialistische Diktatur gesehen werden.

Die DDR war durch Planwirtschaft geprägt und wirtschaftlich faktisch von der Sowjetunion abhängig. Den Einwohnerinnen und Einwohnern wurde Arbeit garantiert. Gleichwohl waren sie vom Wohlwollen der Staatsführung abhängig – wer nicht linientreu war, musste mit erheblichen Einschränkungen rechnen. Zugang zu Bildung und Beruf wurden in diesen Fällen nicht selten verwehrt. Als Reaktion auf Abwanderungswellen in den Westen, der als wirtschaftlich und gesellschaftlich fortschrittlich galt, begann die DDR mit ihrer Isolation – so wurde etwa die Berliner Mauer gebaut, die die Auswanderung nach West-Berlin unterbinden sollte. Auswanderung war nur noch mit staatlicher Genehmigung möglich und Republikflucht strafbar. An den Grenzen der DDR wurde teilweise auf Flüchtige geschossen, ferner war das Grenzgebiet vermint.

Freie Meinungsäußerung, freie persönliche Entfaltung und weitere Persönlichkeitsrechte waren in der DDR nur eingeschränkt gegeben. Auch rechtsstaatliche Verfahren waren im heutigen

Sinne nicht gegeben, da die SED eine Führungsrolle innehatte, die dem Ideal der Gewaltenteilung nicht gerecht wurde.

Ferner setzte die DDR die Staatssicherheit, heute oft Stasi genannt, ein, um ihre Bürgerinnen und Bürger systematisch auszuspionieren. Viele Bürgerinnen und Bürger waren als Spitzel für die Stasi tätig und besorgten der SED Informationen über Freunde, Kollegen, Nachbarn oder Familienangehörige.

Ihrem Selbstverständnis nach war die DDR ein marxistisch-leninistischer Staat der Arbeiter und Bauern, der sich als antifaschistisch und friedensorientiert verstand.

Festgehalten werden kann, dass die DDR einerseits als Überwachungs- und Nicht-Rechtsstaat klassifiziert werden kann und die Freiheiten ihrer Bürgerinnen und Bürger massivst einschränkte, andererseits eine Art Fürsorgestaat darstellte, der Bürgerinnen und Bürgern Arbeit und Auskommen garantierte. In der Wissenschaft wird daher teilweise der Begriff der *Fürsorgediktatur* verwendet.

Die DDR endete mit einer friedlichen Revolution. Ab September 1989 fanden die sog. Montagsdemonstrationen statt, bei denen die Teilnehmenden „Wir sind das Volk" skandierten und auf eine Änderung der politischen Verhältnisse hin zu demokratischen Strukturen drängten. In diese Zeit fallen auch starke Ausreisebewegungen, etwa über Ungarn: Bürgerinnen und Bürger der DDR durften legal in andere Ostblockstaaten reisen. Dort versuchten sie, in die Botschaften der BRD zu gelangen, um von dort aus in den Westen reisen zu dürfen. Außerdem versuchten sie, über weniger gesicherte Grenzen anderer Ostblockstaaten in westliche Länder zu fliehen. Im November 1989 kam es schließlich zur Grenzöffnung und am 9. November zum Fall der Berliner Mauer. Ausreisen in den Westen waren nun legal möglich.

Kurz darauf wurden erstmals freie und demokratische Wahlen abgehalten, ehe die DDR sich am 3. Oktober 1990 in der Wiedervereinigung mit der BRD auflöste.

Was war die Stasi?

Siehe „DDR".

Wann fiel die Berliner Mauer?

Siehe „DDR".

Wer waren die Alliierten Besatzungsmächte?

Als Alliierte Besatzungsmächte werden die Siegermächte des Zweiten Weltkriegs bezeichnet, die das Deutsche Reich anschließend bis zur Gründung der BRD und der DDR besetzten und als Besatzungsregime politisch führten. Diese vier alliierten Besatzungsmächte waren Frankreich, Großbritannien, die USA und die Sowjetunion. Sie teilten die Bereiche des Deutschen Reichs, die nicht an andere Staaten abgetreten wurden, in vier Besatzungszonen ein, in denen sie jeweils die Kontrolle übernahmen. Die Hauptstadt Berlin, die von der sowjetischen Besatzungszone umgeben war, wurde ebenfalls in vier Bereiche eingeteilt. Aus den Besatzungszonen Frankreichs, Großbritanniens und der USA entstand die BRD, die Besatzungszone der Sowjetunion wurde zur DDR. Die Strategien der Besatzungsmächte unterschieden sich in den von ihnen kontrollierten Zonen: Während die drei Westmächte am Wiederaufbau interessiert waren und diesen vorantrieben, konzentrierte die Sowjetunion sich in ihrer Besatzungszone zunächst auf Demontage, um Deutschlands Kriegsschulden auf diese Weise zu begleichen. Diese unterschiedlichen Vorgehensweisen bedingten massive strukturelle und wirtschaftliche Differenzen zwischen Ost- und Westdeutschland.

Wann fand die Wiedervereinigung statt?

Als Deutsche Wiedervereinigung wird der Prozess der Vereinigung von BRD und DDR, der durch die friedliche Revolution in der DDR angestoßen wurde, bezeichnet. Der

Prozess begann 1989 und wurde mit dem Beitritt der DDR zur BRD am 3. Oktober 1990 abgeschlossen.

Wann lebte Napoleon und wer war er?

Napoleon Bonaparte (1769 – 1821) war ein französischer General, der zum Diktator wurde und sich selbst zum französischen Kaiser krönte. Zur Zeit der französischen Revolution stieg er in der Armee auf und übernahm nach dem Staatsstreich 1799, der das Ende der Monarchie in Frankreich markierte, als einer von drei Konsuln die Macht im Land. Kurz darauf erhielt er als Erster Konsul sowie anschließend als selbstgekrönter Kaiser die alleinige Macht. Zwischenzeitlich wurde Napoleon gestürzt und auf die Insel Elba verbannt, kehrte jedoch bald unter Rückhalt der Armee zurück und setzte sich wieder an die Spitze des Staates. Außerhalb Frankreichs führte er Kriege, die ihn kurzzeitig fast das gesamte Kontinentaleuropa beherrschen ließen. Durch seine militärischen Erfolge wurde er unter anderem zum König von Italien und zum Protektor des unter französische Verwaltung gestellten Rheinbundes. Durch seine kriegerischen Aktionen leitete er die Auflösungen des Heiligen Römischen Reiches ein.

Nach einer Niederlage im Russlandfeldzug formierte sich Widerstand gegen Napoleons Herrschaft in Europa. In den Befreiungskriegen, die von 1813 bis 1815 andauerten, fand dieser Widerstand militärischen Ausdruck. Napoleon verlor in der Schlacht von Waterloo endgültig und wurde auf die Insel St. Helena verbannt, wo er den Rest seines Lebens verbrachte.

Wer war Alexander der Große?

Alexander der Große (356 v. Chr. – 323 v. Chr.) war ein Feldherr und Herrscher über das makedonische Reich. Das Reich, das zuvor von seinem Vater, Philipp II., regiert worden war, war unbedeutend, als Alexander seine Herrschaft antrat. In einem großen Feldzug, dem sog. Alexanderfeldzug, dehnte er es bis an den indischen Subkontinent und nach Ägypten aus und errichtete damit ein Weltreich.

Was bedeutet Ästhetik im Kontext der Kunst?

Die Ästhetik ist ganz allgemein die Theorie der sinnlichen Wahrnehmung. Alles, was wir sinnlich wahrnehmen, ist damit ebenso wie der Prozess des Wahrnehmens und Bewertens dieser wahrgenommenen Dinge Gegenstand der Ästhetik. Sie ist damit nicht bloß die Theorie des Schönen, wie vielfach angenommen wird, wenngleich die Theorie des Schönen auch Teil der Ästhetik ist.

Wodurch ist die Bildende Kunst gekennzeichnet?

Die Bildende Kunst ist die Kunst, die etwas Anfassbares schafft. Zu ihr zählen damit Malerei, Grafik, Plastik, Bildhauerei, Baukunst, Zeichnung, Fotografie,

Wodurch ist die Darstellende Kunst gekennzeichnet?

Die Darstellende Kunst unterscheidet sich dadurch von der Bildenden Kunst, dass sie keine physisch greifbaren, überdauernden Werke schafft, sondern solche, die sich im Zeitablauf vollziehen und zu keiner Zeit materialisiert vorliegen. Zur Darstellenden Kunst zählen damit etwa Schauspiel, Tanz, Film oder Konzeptkunst.

Was war die Renaissance für eine Kunstepoche?

Die Renaissance war als Kulturepoche durch eine Rückbesinnung auf die Ideale der Antike gekennzeichnet. Gleiches gilt für die Kunstepoche der Renaissance. Sowohl im Baustil als auch in der Malerei, in der Skulptur und in der Literatur zeigte sich eine starke Orientierung an antiken Vorbildern. Auch das Ideal des menschlichen Körpers, das wieder vermehrt künstlerisch dargestellt wurde, ist zur Zeit der Renaissance dasjenige der Antike. Bekannte Künstler dieser Epoche sind etwa Leonarda **da Vinci**, Leon Battista **Alberti**, **Raffael**, **Michelangelo**, **Tizian** oder Albrecht **Dürer**.

Wodurch ist die Kunstepoche des Barock gekennzeichnet?

Die Kunstepoche der Renaissance ging in den Barock über, der vor allem in Italien entstand. Die Kunst des Barock ist unter anderem dadurch gekennzeichnet, die Grenzen zwischen verschiedenen Kunstgattungen aufzuweichen. Gleichzeitig wurde großer Wert auf überbordende Pracht und Dekoration gelegt. Die Kunst des Barock ist daher gekennzeichnet durch eine gewisse Überladung – vor allem in der Baukunst. Die Barocke Malerei ist gekennzeichnet durch die Pluralität von religiösen Motiven und weltlichen Darstellungen, den Gebrauch kontraststarker Farben und Licht-Schatten-Kontrasten.

Als Vertreter des Barock können **Vignola**, **Caravaggio**, **Reni**, **Pozzo**, **Rembrandt**, **Vermeer** oder **Rubens** genannt werden.

Was ist der Surrealismus?

Der Surrealismus kann als eine künstlerische, aber nicht auf die Kunst beschränkte Bewegung verstanden werden. Ziel des Surrealismus ist es, die Widersprüche zwischen einer scheinbar rationalen, geordneten Welt und existenziell-menschlichen Erfahrungen, die dieser rationalen Geordnetheit widersprechen und gleichsam eine gleichwertige Daseinsberechtigung haben, aufzubrechen und zu einem Zustand zu gelangen, in welchem alle Widersprüche vereint sind. In dieser Zielsetzung schwang von Beginn an eine Gesellschaftskritik mit: Die Surrealisten wollten zu einem authentischen Bild der Welt, das auch den Ungeordnetheiten Rechnung trägt, gelangen, das sie dem bürgerlichen Verständnis der rational-geordneten Welt gegenüberstellten. Darin liegt auch die Ablehnung bürgerlicher Werte begründet, die außerhalb der bürgerlichen, für rational-geordnet gehaltenen Welt schlicht ihren Geltungsanspruch verlieren.

Zugänge zu einem umfassenderen Erleben, das nicht in den konventionell-rationalen Bahnen verläuft, suchten die Surrealisten vor allem in Träumen, aber auch im Rauscherleben.

Sie waren beeinflusst durch die Kunstrichtung des Dadaismus sowie durch Sigmund Freuds psychoanalytische Theorie, der zufolge der Zugang zum Unbewussten vor allem in Träumen möglich ist.

Die Werke des Surrealismus zeichnen sich einerseits durch eine auffallende Präzision, andererseits durch Widersprüche, Verfremdung und Herausgehobenheit aus dem Alltäglichen aus. Als Hauptvertreter des Surrealismus können André **Breton**, der der wichtigste Theoretiker dieser Bewegung war, Salvador **Dali**, Max **Ernst**, Rene **Magritte**, Joan **Miro** und Marc **Chagall** gelten.

Was bedeutet Expressionismus?

Der Expressionismus ist eine Kunstrichtung, die dadurch gekennzeichnet ist, dass vor allem subjektives Erleben und Empfinden im Vordergrund steht. Naturalistische Darstellung von Gesehenem, appelative oder ästhetische Ansprüche treten in den Hintergrund. Kennzeichnend für Kunstwerke des Expressionismus ist in der Regel ein freier Umgang mit Formen und Farben, eine Reduzierung des Motivs auf besonders markante Elemente und ein Abwenden von traditionellen Darstellungsperspektiven. Ferner kann die Tendenz zur Metaphorisierung und Entindividualisierung beobachtet werden.

Bekannte Vertreter des Expressionismus sind etwa Erich **Heckel**, Emil **Nolde**, Henri **Matisse**, Franz **Marc** oder Wassily **Kandinsky**. Als Vorläufer gelten Edvard **Munch**, Vincent **van Gogh** und Paul **Gauguin**.

Was ist der Kubismus?

Der Kubismus entstand als Kunstrichtung zu Beginn des 20. Jahrhunderts. Kubistische Werke zeichnen sich dadurch aus, dass das Dargestellte im Wesentlichen auf geometrische Formen reduziert wird. Begründer und Hauptvertreter des Kubismus waren Pablo **Picasso** und Georges **Braque**.

Wodurch zeichnet sich Abstrakte Kunst aus?

Unter dem Begriff der Abstrakten Kunst werden verschiedene Stilrichtungen, die im 20. Jahrhundert entstanden, zusammengefasst. Sie zeichnen sich dadurch aus, nicht als Darstellung eines auszumachenden Gegenstandes oder einer auszumachenden Szene verstanden werden zu können. Sie abstrahieren entweder stark von Gegenständen und reduzieren sie auf das Wesentliche („Abstraktion") oder haben gar keinen Gegenstand zum Gegenstand („Ungegenständliche Kunst"). Die Abstrakte Kunst kann als Reaktion auf die Verbreitung der Fotografie, die die Möglichkeiten naturalistischer Darstellung, gegen die die Abstrakte Kunst sich stellt, maximiert, verstanden werden. Als Begründer der Abstrakten Kunst gilt Wassily **Kandinsky**.

Wodurch ist der Naturalismus gekennzeichnet?

Der Naturalismus kann sowohl als Kunstepoche als auch als Stilrichtung verstanden werden. Er zeichnet sich durch eine streng abbildende Darstellung aus. Im Naturalismus wird auf die Darstellung abstrakter Ideen ebenso verzichtet wie auf die von Empfindungen oder anderen nicht in der Außenwelt sichtbaren Dingen. Als Vertreter des Naturalismus kann exemplarisch Jules Bastien-**Lepage** genannt werden.

Was ist eine Plastik?

Eine Plastik ist ein körperhaftes, dreidimensionales bildnerisches Werk, welches durch Auftragen und Modellieren von Material entsteht. Sie unterscheidet sich von der Skulptur.

Was ist eine Skulptur?

Eine Skulptur ist ein körperhaftes, dreidimensionales bildnerisches Werk, welches durch Abtragen, also durch Hauen und Schnitzen, von Material entsteht. Sie unterscheidet sich von der Plastik.

Was bedeutet Grafik in der Kunst?

Im engeren Sinne bezeichnet der Begriff der Grafik eine Druckgrafik. Eine Druckgrafik ist ein Kunstwerk, das nicht per Hand gemalt, sondern mit einem druckgrafischen Verfahren geschaffen wurde. Die Druckform, mittels derer die Druckgrafik geschaffen und vervielfältigt wird, wird vom Künstler bzw. der Künstlerin geschaffen und als Originalgrafik bezeichnet. Diese Originalgrafik ist ein eigenes Kunstwerk. Mit Hilfe des Drucks lässt sich das Bild mit Farbe spiegelverkehrt auf einen Druckstoff übertragen.

Was ist ein Fresko?

Als Fresken werden Wand- und Deckenmalereien bezeichnet. Ein sehr bekanntes Fresko ist etwa das Fresko „Die Erschaffung Adams" des Michelangelo in der Sixtinischen Kapelle. Ursprünglich wurden bei der Herstellung eines Freskos zuvor in Wasser eingesumpfte Pigmente auf frischen Kalkputz aufgetragen. Chemische Prozesse führen dazu, dass die Farbpigmente fest in den Kalk eingebunden werden. Heute werden auch andere Wand- und Deckenmalereien als Fresken bezeichnet, obwohl sie auf bereits trockenen Putz aufgetragen werden und damit nicht *al fresco*, also ins Frische, gemalt werden.

LITERATUR

Was meint Fiktionalität?

Mit dem Begriff der Fiktionalität wird der erfundene Charakter literarischer Werke bezeichnet, die in einer eigenen literarischen Welt zu verorten sind, die wiederum durch sie geschaffen wird.

Was ist ein Erzähler und wie ist er vom Autor abzugrenzen?

Als Erzähler wird eine abstrakte Instanz eines literarischen Textes bezeichnet. Der Erzähler ist die Instanz, die das Narrativ erzählt. Sie ist niemals mit dem Autor identisch. *Fokalisierung*, *Erzählhaltung* und *Erzählebene* geben weiteren Aufschluss über die Art des Erzählers.

Was bedeutet Fokalisierung?

Fokalisierung ist ein Fachbegriff der Erzähltheorie, der Aufschluss über das Verhältnis von Erzählerwissen und Figurenwissen in einem literarischen Text gibt. Bei der Nullfokalisierung liegt ein allwissender Erzähler vor, der mehr weiß als alle Figuren. Liegt eine interne Fokalisierung vor, hat der Erzähler genau das Wissen einer spezifischen Figur. Bei externer Fokalisierung weiß er weniger als die Figuren, da er keinen Einblick in ihr Innenleben hat.

Wie sieht es mit der Erzählhaltung und der Erzählebene aus?

Ein Erzähler wird nicht nur über die *Fokalisierung*, sondern auch über seine Erzählhaltung und die Erzählebene charakterisiert. Mit der Erzählhaltung wird angegeben, ob er Teil der erzählten Welt ist (homodiegetisch) oder nicht (heterodiegetisch). Ein homodiegetischer Erzähler ist also selbst als Figur Teil der erzählten Handlung, während ein heterodiegetischer Erzähler außerhalb des Erzählten steht.

Viele literarische Texte weisen nur eine Erzählebene, die sog. Rahmenerzählung oder schlicht Diegese, auf. Manche literarischen

Texte sind zusätzlich jedoch mit Binnenerzählungen ausgestattet – innerhalb des Narrativs wird ein weiteres Narrativ erzählt. Der Erzähler der Rahmenhandlung wird als extradiegetischer Erzähler bezeichnet, während der Erzähler der Binnenerzählung ein intradiegetischer ist.

Was ist ein Lyrisches Ich?

Als Lyrisches Ich wird die Erzählstimme eines lyrischen Textes, also eines Gedichts, bezeichnet. Das Lyrische Ich ist nicht mit dem Autor identisch.

Was ist Epik?

Die Epik ist neben der Dramatik und der Lyrik eine der drei großen literarischen Gattungen. Epische Werke sind erzählende Werke, also etwa Romane und Kurzgeschichten.

Was ist Dramatik?

Die Dramatik ist neben der Epik und der Lyrik eine der drei großen literarischen Gattungen. Ein Drama ist ein Theaterstück.

Was ist Lyrik?

Die Lyrik ist neben der Epik und der Dramatik eine der drei großen literarischen Gattungen. Ein lyrisches Werk ist ein Gedicht.

Was ist ein Rhetorisches Stilmittel und welche sind besonders bekannt?

Ein Rhetorisches Stilmittel ist in der Literaturwissenschaft ein sprachliches Gestaltphänomen eines Textes. Besonders häufige Stilmittel sind etwa Metaphern (Verbildlichung des Gemeinten), Allegorien (ausgedehnte Metaphern), Personifikationen, Hyperbeln (Übertreibungen), Vergleiche, Ellipsen (Auslassungen), Euphemismen (Beschönigungen), Parallelismen (paralleler

Satzbau aufeinanderfolgender Sätze) oder Pleonasmen (Dopplung von Begriffen mit sehr ähnlichem Informationsgehalt; „heller Tag", „fließender Fluss"). Daneben gibt es etliche weitere Stilmittel. Sie lassen sich grob in bildhafte Figuren (im weitesten Sinne: etwas steht für etwas anderes), Satz- und Wortfiguren (besondere Syntax u.ä.), Klangfiguren (arbeiten mit dem Wortklang, bspw. bei der Onomatopoesie, der Wortmalerei) und in sonstige Stilfiguren, die keiner der drei vorgenannten Gruppen angehören, einteilen.

Was ist die Hermeneutik?

Die Hermeneutik ist die Theorie des Verstehens und der Interpretation. Sie hat sich von einer Methode der Textauslegung (lange verstanden als „Kunst des korrekten Interpretierens") zu einer umfassenden philosophischen Verstehenstheorie entwickelt. Kernpunkt dieser umfassenden Hermeneutik ist die Annahme, dass Verstehen immer in Form eines Dialogs geschieht und subjektiv ist. Der Verstehenwollende tritt in einen Dialog mit dem Phänomen, das er verstehen möchte. Bezogen auf ein literarisches Werk bedeutet das: Der Rezipient tritt in einen Dialog mit dem Text. In diesem je-einzigartigen dialogischen Verhältnis gelangt er zu einem je-eigenen Verständnis des Textes, das ihn als Person verändert. Wichtig ist hierbei, dass jedes Verstehen als je-eigenes ein einzigartiges ist – auch eine Person, die mehrfach an einen Text herantritt, gelangt immer zu einem neuen Verständnis, was im Kern darauf zurückzuführen ist, dass die Person sich, bedingt durch Verstehensvollzug, beständig verändert.

Was bedeutet Intertextualität?

Intertextualität bezeichnet das Sich-Beziehen eines Textes auf einen anderen Text. Im engsten Sinne sind damit ausschließlich explizite Bezüge gemeint. Mit dem Poststrukturalismus hat sich der Intertextualitätsbegriff jedoch geweitet. Heute werden auch implizite Bezüge in der Regel als Intertextualität gewertet. Einige Theoretikerinnen und Theoretiker halten Intertextualität schlicht für unabdingbar gegeben, da jeder Text (gewollt oder ungewollt) Bezug auf andere Texte nimmt, indem er Zeichen verwendet, die bereits in anderen Diskursen mit Bedeutung aufgeladen wurden, wodurch er selbst sich dieser Kontexte bedient und sich wiederum selbst in einen Kontext einschreibt. Prominentester Vertreter dieser These ist wohl Michail M. Bachtin.

Bachtin zufolge nimmt ein Text durch die Verwendung von Zeichen, die bereits in anderen Kontexten verwendet wurden und dort mit anderer Bedeutung beladen sind, bewusst oder unbewusst Bezug auf all diese anderen Kontexte. Gleiches gilt für den Rezipienten, der verstehen will – er bringt die verwendeten Zeichen mit anderen Kontexten, in denen er sie bereits mit je-anderer Bedeutung vorgefunden hat, in Verbindung. So ergibt sich ein sprachlich-bedeutungsbeladenes, ein semantisches Gesamtgeflecht, in welchem sich jedes Verstehen vollzieht. Verstehen ist bei Bachtin dabei – ebenso wie im hermeneutischen Verständnis – als Dialog gedacht: Der Rezipient tritt in einen Dialog mit dem Text, den er verstehen will, und bedient sich dabei bewusst oder unbewusst etlicher weiterer Texte, die damit ebenfalls Anteil am Dialog haben. Zentral ist hierbei auch Bachtins weitgefasster Textbegriff: Alles, was verstanden werden kann (also nicht nur schriftliche Texte, sondern auch andere Äußerungen, Gedanken oder als Taten verstandene Handlungen) sind Texte.

Interessant ist in diesem Kontext auch die Feststellung, dass nicht nur das Verstehen eines Textes, sondern auch seine Produktion als dialogischer Prozess aufgefasst werden muss, da ein jeder Text bereits durch die Verwendung einer bereits verwendeten Sprache Bezug auf andere Texte nimmt und da ein jeder Gedanke, der gedacht wird, sich anhand eines anderen Gedankens entfaltet. Intertextualität ist damit unumgehbar.

Womit befassen sich die Cultural Studies?

Die Cultural Studies (im Deutschen: Kulturwissenschaft; im Singular!) sind eine stark interdisziplinär ausgerichtete wissenschaftliche Disziplin, die Phänomene der Populärkultur mit Methoden der philosophischen Anthropologie, der Literaturwissenschaft, der Soziologie, der Kunstwissenschaft, der Theaterwissenschaft, der Filmwissenschaft, der Medienwissenschaft, der Sprachwissenschaft, der Geschichtswissenschaft und diverser weiterer Geistes-, Sprach- und Sozialwissenschaften untersucht. Ziel der Kulturwissenschaft ist es, einen theoretisch fundierten, verstehenden Zugang zu Kulturphänomen zu erlangen. Die so verstandenen Cultural Studies entstanden in Großbritannien aus einer gesellschaftskritischen politischen Szene heraus und stehen vor allem für einen antielitären, egalitären Anspruch, der nicht nur die sog. Hochkultur, sondern auch Phänomene der Populärkultur beachtet.

Eine kulturwissenschaftlich orientierte Literaturwissenschaft stellt den Anspruch an sich selbst, Literatur vor allem aus kulturkritischer Perspektive zu betrachten. Typische Fragen der kulturwissenschaftlichen Literaturwissenschaft an einen Text sind etwa die nach Konstruktion und Darstellung von Geschlecht (**Gender Studies**), nach der Konstruktion von Fremdheit oder nach der Darstellung von Macht und Hierarchien. Ferner untersucht die kulturwissenschaftlich orientierte Literaturwissenschaft beispielsweise den Wandel von literarischen Motiven vor dem Hintergrund gesellschaftlicher Veränderungen oder die Darstellung ebensolcher in der Literatur überhaupt. Bei all dem beschränkt sie sich nicht mehr auf genuin literarische Werke, sondern untersucht mit ihren Methoden auch andere Gegenstände der Populärkultur, etwa Filme.

Was zeichnet die Literatur der Aufklärung aus?

Die Literatur der Aufklärung hat eine eindeutige Wirkabsicht. Sie will dem Rezipienten die Ideale der Aufklärung nahebringen:

Der Mensch wird als Wesen verstanden, das sich eigenmächtig seines Verstandes bedienen und dadurch zu moralischer Integrität gelangen kann. In den Werken der Aufklärung wird der Glaube an die Vernunft ebenso vermittelt wie die – dem Verständnis der Aufklärung folgend – sich daraus ergebenden moralischen Tugenden und sonstigen Entwicklungen: Toleranz, Emanzipation des Individuums, kritische Prüfung vorgefundener Wertvorstellungen, Fortschritt. Bekanntester deutscher Autor der Aufklärung ist **Gotthold Ephraim Lessing** („Nathan der Weise", „Die Juden", „Emilia Galotti").

Wofür steht der Sturm und Drang?

Der Sturm und Drang entstand in der Epoche der Aufklärung und wendete sich vor allem gegen starre Regelpoetiken, die in der Aufklärung stark verbreitet waren. Eine eigene Theorie wurde bewusst nicht ausgearbeitet. Ziel war vielmehr der freie schöpferische Ausdruck des Künstlers, der gerade nicht durch etwaige theoretisch aufgebaute Schranken begrenzt werden sollte. Hauptvertreter des Sturm und Drang waren **Johann Gottfried Herder**, **Johann Wolfgang Goethe** („Götz von Berlichingen", „Die Leiden des jungen Werther"), Friedrich Schiller („Die Räuber", „Kabale und Liebe"), Gottfried August Bürger („Lenore") und Friedrich Maximilian Klinger („Sturm und Drang").

Was war die Weimarer Klassik?

Die Zeit des Sturm und Drang ging fließend in die der Weimarer Klassik über – auch die Hauptakteure sind weitgehend identisch. Ausgehend von der Erkenntnis, dass der in den Werken des Sturm und Drang ausgedrückte Gegensatz von Vernunft und Gefühl durch ihren radikalen Ansatz nicht angemessen gelöst werden konnte, findet eine Neuorientierung hin zu antiken Idealen statt, in denen nun Vollkommenheit und Harmonie als Ausgleich der bisher unvereinbaren Gegensätze gesucht wird. Auch die Umkehrung der in der Französischen Revolution vertretenen Werte kann als zentral für die Entstehung der Weimarer Klassik gesehen werden: Auch hier trafen zwei starke Gegensätze aufeinander, wobei Radikalität als Durchsetzungsmethode scheiterte, was sich in der Terrorherrschaft, die auf die Französische Revolution, die eigentlich Freiheit, Gleichheit und Brüderlichkeit als Werte propagierte, folgte, zeigt.

Zentrales Thema und Anliegen der Weimarer Klassik war die Erziehung des Menschen hin zur *schönen Seele*: Einem humanistischen Ideal folgend sollte der Mensch sich bilden, in sich selbst ruhen und in der Folge aus sich selbst heraus moralisch handeln. Daraus sollte sich wiederum die Bereitschaft für gesamtgesellschaftliche und individuelle Harmonie und gesellschaftliche Veränderungen ergeben – ohne radikale Umbrüche. Als Mittel einer solchen Menschbildung, die als ästhetische Erziehung bezeichnet werden kann, wurden Kunst und Literatur verstanden. Die starken Einflüsse der Aufklärung, gegen deren reine Vernunftorientierung im Sturm und Drang noch rebelliert wurde, sind eindeutig zu erkennen.

In den Werken der Weimarer Klassik stehen Humanität, die beschriebene Erziehung des Menschen und die Herausstellung der beschriebenen moralischen Ideale im Vordergrund. Die Autoren der Weimarer Klassik waren **Johann Wolfgang Goethe** („Wilhelm Meisters theatralische Sendung", „Iphigenie auf Tauris", „Wilhelm Meisters Lehrjahre", „Faust"), **Friedrich Schiller** („Don Karlos", „Maria Stuart", „Die Jungfrau von Orleans"), **Christoph Martin Wieland** („Die Geschichte der Abderiten") und **Johann Gottfried Herder**, der vorwiegend theoretisch-philosophische Texte verfasst. Die Autoren der Weimarer Klassik werden auch als *Viergestirn von Weimar* bezeichnet.

Wichtige theoretische Texte dieser Epoche sind beispielsweise „Über Anmut und Würde" (Schiller), „Über die ästhetische Erziehung des Menschen" (Schiller) oder „Ideen zur Philosophie der Geschichte der Menschheit" (Herder).

Wodurch ist die Literatur der Romantik gekennzeichnet?

Die Romantik war eine Literaturepoche im 19. Jahrhundert, deren Vertreter sich explizit gegen die verstandes- und fortschrittsgerichtete Rationalität und im gleichen Zuge auch gegen die antike Ideale dieser aufklärerischen Rationalität wendeten. Ferner können die aufkommende Industrialisierung, die Urbanisierung und die mit diesen Phänomenen einhergehende Auflösung der bisher gekannten gesellschaftlichen Ordnung, durch die das Individuum, das in der weiteren Entwicklung der beginnenden Industrialisierung seine Bedeutung als solches verlieren, in die Anonymität großer Städte eingehen und zum vorrangig wirtschaftlich gebrauchten Gut werden sollte, seinen Halt verlor.

Die Literatur der Romantik ist folglich keineswegs von euphorischem Fortschrittsdenken geprägt, sondern richtet sich geschichtlich zurück, was sich etwa in einer Idealisierung des Mittelalters ausdrückt. Typische Themen der romantischen Literatur sind unerfüllbare Sehnsucht nach einem absoluten Zustand (etwa im Streben nach der blauen Blume), das Hervorheben der Psyche, das durchaus als Referenz an das damals noch nicht theoretisierte Unbewusste verstanden werden kann, oder die Hinwendung zum Unheimlichen, das in der Literatur der Romantik omnipräsent zu sein scheint.

All diese Motive können verstanden werden als Hinweis auf eine Seite der Welt, die im technisch-rationalen Fortschrittsdenken vernachlässigt wurde. Die Texte der Romantik stellen Gegenwelten vor, in denen all die Momente, die in der gesellschaftlichen Wirklichkeit ihrer Zeit zurücktreten mussten, im Vordergrund stehen. In Verbindung mit dem Streben nach Absolutem, der Suche nach der blauen Blume, dem immer ausgedrückten Wunsch nach absoluter Vereinigung, können diese dargestellten *Nachtseiten* der Welt als Ausgleichsbewegung verstanden werden – hin zur Anerkennung des Individuums als Individuum, hin zu den nicht-technisierten, nicht-rationalisierten, nicht direkt greifbaren Elementen, hin zu einem weniger einseitigen Ganzen.

In diesem Ausgleichsstreben richtet die Romantik sich zentral auf das Selbst, das mit seinem Erleben im Vordergrund steht.

Hauptvertreter der deutschsprachigen Romantik waren **E.T.A. Hoffmann** (1776 – 1822; „Das Elixier des Teufels", „Der Sandmann"), **Novalis** (1772 – 1801; „Heinrich von Ofterdingen"), **August Wilhelm Schlegel** (1767 – 1845), **Friedrich Schlegel** (1772 – 1829), **Ludwig Tieck** (1773 – 1853; „Der gestiefelte Kater", „Der Runenberg"), **Achim von Arnim** (1781 – 1831; „Isabella von Ägypten", „Des Knaben Wunderhorn (Volksliedersammlung, herausgegeben zusammen mit Clemens Brentano)") und **Joseph von Eichendorff** (1788 – 1857; „Aus dem Leben eines Taugenichts", etliche Gedichte). In der amerikanischen Romantik sind **Henry David Thoreau** (1817 – 1862; „Walden"), **Walt Whitman** (1819 – 1892; „Leaves of Grass") und **Ralph Waldo Emerson** (1803 – 1882) als Hauptvertreter zu nennen.

Wodurch unterscheiden sich Realismus und Naturalismus?

Der Realismus ist sowohl eine Epochenbezeichnung für eine Literaturepoche des 19. Jahrhunderts als auch eine Stilbeschreibung. Im Realismus wird versucht, die erkennbare Welt abzubilden. Hierbei liegt der Fokus jedoch auf einem eher bürgerlichen Milieu, wobei Schattenseiten der vorgefundenen Wirklichkeit kaum in die literarische Abbildung einfließen. Es findet also eine Aufhebung des Negativen statt. Hauptvertreter des literarischen Realismus waren etwa **Theodor Fontane** („Effi Briest"), **Theodor Storm**, **Marie von Ebner-Eschenbach**, **Gustave Flaubert** („Madame Bovary"), **Leo Tolstoi** („Krieg und Frieden"), **Fjodor Dostojewski** („Schuld und Sühne"), **Charles Dickens** („Oliver Twist", „David Copperfield") oder **Mark Twain** („Die Abenteuer des Huckleberry Finn", „Die Abenteuer des Tom Sawyer").

Der Naturalismus verfolgt das gleiche Ziel, geht dabei jedoch weitaus radikaler und konsequenter vor. Er stellt literaturgeschichtlich betrachtet einen Bruch mit dem Realismus dar. Im Naturalismus soll die vorgefundene Wirklichkeit unverändert, ohne Ausblendung von Negativem und ohne Reflexion schlicht beschrieben werden. Der literarische Naturalismus versteht sich als den Naturwissenschaften verpflichtet und möchte in seiner Darstellungsweise an ihren Weltzugang anknüpfen, indem jegliche Darstellung von Subjektivität weitestmöglich ausgespart wird. Dem literarischen Naturalismus gehen dabei in der Regel die Prämissen von biologischer und sozialer Bedingtheit des Menschen voraus. Hauptvertreter sind etwa **Gerhart Hauptmann**, **Henrik Ibsen**, **Leo Tolstoi** und **Fjodor Dostojewski**.

Die Tatsache, dass Tolstoi und Dostojewski sowohl dem Realismus als auch dem Naturalismus zugeordnet werden, trägt dem Umstand Rechnung, dass sowohl eine klare Abgrenzung als auch eine eindeutige Zuordnung von Autoren, die ihren Stil im Laufe ihres Schaffens durchaus über – willkürlich gesetzte – Grenzen hinweg verändern, kaum möglich ist.

Was war die Deutsche Exilliteratur?

In der NS-Zeit flüchteten zahlreiche Autorinnen und Autoren, denen aufgrund ihrer Herkunft oder ihrer politischen Überzeugung Verfolgung drohte, ins Ausland. Darüber hinaus verließen auch andere Autorinnen und Autoren, die sich explizit gegen die NS-Herrschaft wendeten, selbst aber nicht von Verfolgung bedroht waren, Deutschland. In der Regel lagen die ersten Fluchtziele im europäischen Ausland. Österreich, die Schweiz, die Niederlande und die Tschechoslowakei waren Hauptziele der Emigration. Nach dem Ausbruch des Zweiten Weltkriegs folgte eine zweite Fluchtwelle, in der die Aufenthaltsorte im europäischen Ausland größtenteils verlassen wurden. Ziele waren nun vor allem die USA, Südamerika, die Sowjetunion und das heutige Israel. Der Großteil der im Exil entstandenen Werke thematisierte politische Themen und richtete sich direkt gegen das NS-Regime. Vergleichsweise unpolitische Werke entstanden nur in geringer Zahl. Bekannteste Autorinnen und Autoren im Exil waren beispielsweise **Bertolt Brecht** („Leben des Galilei"), **Alfred Döblin**

(„Berlin. Alexanderplatz"), **Lion Feuchtwanger, Oskar Maria Graf** („Das Leben meiner Mutter"), **Heinrich Mann** („Der Untertan", „Professor Unrat"), **Klaus Mann** („Mephisto", „Der Wendepunkt. Ein Lebensbericht"), **Thomas Mann, Erich Maria Remarque** („Im Westen nichts Neues") oder **Anna Seghers**.

Wodurch ist die Literatur der Moderne gekennzeichnet?

Die Moderne ist zunächst einmal eine geschichtliche Epoche, die durch einen sich schnell vollziehenden Umbruch geprägt ist. Industrielle Revolution, massive Fortschritte in den Natur- und Technikwissenschaften, die Nachwirkungen der Aufklärung und eine zunehmende Säkularisierung führen zu einer starken Veränderung der Gesellschaft und der erlebten Welt. Die Menschen wohnen fortan vermehrt in Städten, eine kapitalistische Wirtschaft prescht voran, der soziale Stand des Arbeiters entsteht, traditionelle Gemeinschaften lösen sich auf, konventionelle Verbindlichkeiten verschwinden, das bisherige Weltbild hat keine Gültigkeit mehr.

All diese Entwicklungen haben stark auf die Literatur dieser Zeit eingewirkt. So ist die Literatur der Moderne geprägt durch den Wegfall von obersten Werten sowie von einer dadurch entstehenden Orientierungslosigkeit. Das zeigt sich sowohl thematisch (Orientierungslosigkeit, starke Betonung der Subjektivität der Wirklichkeitserfahrung, Relativierung etc.) als auch formal, etwa im Zurücktreten einer vermittelnden, über den Dingen stehenden Erzählinstanz. Die Literatur der Moderne ist insgesamt geprägt von Subjektivität und Individualität – das Individuum steht mit seinem Erleben und in seiner Orientierungslosigkeit im Vordergrund. Es kann sich nicht mehr allgemein anerkannten Werten oder einer Gemeinschaft, in der es seine Individualität als Teil des Kollektivs verliert, unterordnen und ist daher auf sich selbst gestellt. Ferner ist die Literatur der Moderne häufig selbstreflexiv und nicht unbedingt chronologisch erzählt. Letzteres kann als Ausdruck des Wegfalls von Orientierung und erlebtem Sinn verstanden werden – die Ungeordnetheit des Werks spiegelt die in ihm dargestellte ungeordnete Welt.

Bekannte Autorinnen und Autoren der Literatur der Moderne sind etwa **Franz Kafka** („Der Proceß", „Das Schloss"), **Rainer Maria Rilke**, **Hugo von Hoffmannsthal** („Chandos-Brief"), **Arthur Schnitzler** („Traumnovelle", „Lietunant Gustl"), **Robert Musil** („Der Mann ohne Eigenschaften"), **Charles Baudelaire** („Die Blumen des Bösen"), **Marcel Proust** („Auf der Suche nach der verlorenen Zeit") oder **Thomas Mann** („Der Zauberberg", „Der Tod in Venedig", „Doktor Faustus", „Joseph und seine Brüder", „Buddenbrooks").

Was ist die Literatur der Postmoderne?

Das Schlagwort der postmodernen Literatur wird vor allem für Werke der Gegenwartsliteratur verwendet. Der Begriff ist jedoch nicht eindeutig definiert und es gibt keine Theorie hinter der postmodernen Literatur. Es kann jedoch festgestellt werden, dass in den mit diesem Schlagwort versehenen Werken die Motive der literarischen Moderne fortgeführt und erweitert werden – im Vordergrund steht nicht selten ein Individuum auf der Suche nach seiner Identität, das mit Sinnlosigkeit und einer undurchsichtigen, undurchdringbaren und unverständlichen Welt konfrontiert ist, in die es geworfen ist. Weiterhin können häufig starke Intertextualität, Mischungen verschiedener Stile, ein teilweise humoristisches Spiel mit literarischen Traditionen und Erwartungen, Metafiktionalität und ein Collagenstil beobachtet werden. Eine klare Abgrenzung von der Literatur der Moderne ist inhaltlich und stilistisch nur schwer möglich und wird meist über willkürlich gesetzte zeitliche Grenzen geschaffen.

Als Autoren der Postmoderne können u.a. **David Foster Wallace** („Unendlicher Spaß"), **Patrick Süskind** („Das Parfüm"), **Friedrich Dürrenmatt** („Der Besuch der alten Dame", „Die Physiker"), **Umberto Eco** oder **Daniel Kehlmann** genannt werden.

Weitere bedeutende Schriftsteller und Schriftstellerinnen?

Beispielsweise: Heinrich **Heine** („Buch der Lieder", „Reisebilder", „Romanzero") , Joseph **Roth** („Hiob"), William **Shakespeare** („Hamlet", „Romeo und Julia", „Macbeth", „Otello"), James **Joyce** („Ulysses"), Virginia **Woolf** („Mrs. Dalloway"), Silvya **Plath** ("Die Glasglocke"), F. Scott **Fitzgerald** („Der große Gatsby"), Ernest **Hemingway** („Der alte Mann und das Meer"), Aldous **Huxley** („Schöne neue Welt"), George **Orwell** („1984"), Albert **Camus** („Der Fremde"), Jean-Paul **Sartre** („Der Ekel"), Oscar **Wilde** („Das Bildnis des Dorian Gray").

Ziffer

Eine Ziffer ist ein Zahlenzeichen. „1" ist beispielsweise eine Ziffer. „11" besteht aus zwei Ziffern.

Summe

Die Summe ist das Ergebnis einer Addition.

Addition

Bei einer Addition werden zwei Zahlen, die dann Summanden genannt werden, zusammengerechnet. Das Ergebnis der Addition der Summanden ist die Summe.

Subtraktion

Bei der Subtraktion wird eine Zahl von einer anderen abgezogen. Die Zahl, von der etwas abgezogen wird, ist der Minuend. Die Zahl, die vom Minuenden abgezogen wird, ist der Subtrahend.

Multiplikation

Bei der Multiplikation werden zwei Zahlen, die Faktoren genannt werden, multipliziert. Das bedeutet, der eine Faktor wird so oft zu sich selbst addiert, wie der andere Faktor vorgibt – bei der Rechnung „4x2" wird die Zahl Zwei also viermal zu sich selbst addiert, sodass „4x2" umformuliert werden kann zu „2+2+2+2" Das Ergebnis der Multiplikation ist das Produkt.

Division

Bei der Division wird der Dividend durch den Divisor geteilt. Das Ergebnis ist der Quotient. Der Quotient gibt an, wie oft der Divisor im Dividenden enthalten ist.

Bruch

Ein Bruch ist eine Alternativschreibweise der Division. Die obere Zahl des Bruchs ist der Zähler, die untere der Nenner. Mit Brüchen kann nach den Regeln der Addition, der Subtraktion, der Multiplikation und der Division gerechnet werden.

Primzahl

Eine Primzahl ist eine ganze Zahl, die größer als 1 und nur durch 1 sowie sich selbst teilbar ist. Teilbarkeit meint in diesem Sinne die Teilbarkeit ohne verbleibenden Rest bzw. ohne sich ergebende Nachkommastelle.

Exponentialrechnung

Die Exponentialrechnung beschreibt im Grunde eine wiederholte Multiplikation einer Zahl mit sich selbst. 10^2 enthält also die Rechenanweisung „10x10", 10^3 bedeutet „10x10x10". Die hochgestellte Zahl ist der Exponent, die tiefgestellte Zahl die Basis. Das Ergebnis der Rechnung, bei 10^2 also 100, ist der Potenzwert.

Wurzel

Das Wurzelziehen (auch: Radzieren; von lateinisch „radix", was „Wurzel" bedeutet) ist gewissermaßen die Gegenoperation zur Exponentialrechnung. Diesmal sind Exponent und Potenzwert gegeben, gesucht ist die Basis. Gefragt ist also: Welche Zahl muss x-mal mit sich selbst multipliziert werden, um auf Y zu kommen. „X" steht hierbei für den Exponenten und „Y" für die Basis. Ist der Exponent 2, wird von der Quadratwurzel oder einfach von *der* Wurzel gesprochen. Ist der Exponent größer als 2, wird jeweils von der xten Wurzel gesprochen.

Arithmetik

Die Arithmetik ist das Teilgebiet der Mathematik, das sich mit dem Rechnen mit Zahlen befasst.

Geometrie

Die Geometrie ist das Teilgebiet der Mathematik, das sich mit räumlichen und nicht-räumlichen Gebilden befasst. Neben der Schulgeometrie zählen auch sehr abstrakte Gebiete der Mathematik, die nicht direkt mit Gebilden arbeiten, zur Geometrie – etwa die analytische Geometrie.

Pi

Die Kreiszahl Pi (3,1415926[...]) gibt Aufschluss über das Verhältnis von Umfang und Durchmesser eines Kreises.

Radius

Der Radius gibt den Abstand vom Mittelpunkt eines Kreises zu seinem Rand an.

Durchmesser

Der Durchmesser gibt den größtmöglichen Abstand zweier Punkte auf einer Kreislinie eines Kreises an.

Durchschnitt (arithmetisches Mittel)

Der Durchschnitt (math.: arithmetisches Mittel) ist ein Lageparameter und somit ein statistischer Wert: Er gibt den durchschnittlichen Wert (Mittelwert) aller gegebenen Werte an. Berechnet wird das arithmetische Mittel, indem alle gegebenen Werte addiert und die so erhaltene Summe durch die Gesamtzahl der gegebenen Werte dividiert wird.

Beispiel:
Gegebene Werte: 17, 29, 34, 38, 47, 51, 55, 60
Rechenweg: (17+29+34+38+47+51+55+60)/8 = 41,375
Durchschnitt: 41,375

Der Nachteil des arithmetischen Mittels besteht darin, dass es durch sehr stark von der Norm abweichende Werte massiv verzerrt wird.

Beispiel:
Gegebene Werte: 1500, 1520, 1550, 1575, 1600, 4500
Rechenweg: (1500+1520+1550+1575+1600+4500)/6 = 2040,833
Durchschnitt: 2040,833

Der Durchschnittswert liegt höher als 83 Prozent der gegebenen Werte. Verzerrt wird er durch einen einzelnen Ausreißer.
Eine alternative Methode, einen Mittelwert zu erheben, besteht im Medianverfahren. (s. Median) Hierbei werden derartige Verzerrungen ausgeschlossen. Andererseits werden die Ausreißer in ihrer massiven Abweichung durch ein solches Verfahren marginalisiert, was in bestimmten Bereichen nicht wünschenswert ist (etwa bei der Ermittlung von Gehaltsunterschieden etc.)

Median

Der Median ist der Mittelwert aus gegebenen Werten. Es handelt sich gewissermaßen um eine Alternative zum arithmetischen Mittel, die für Verzerrungen durch Ausreißer unanfällig ist, starke Abweichungen entsprechend aber nicht adäquat darstellen kann.

Ermittelt wird der Median wie folgt: Alle gegebenen Werte werden in aufsteigender Reihenfolge nebeneinander positioniert. Nun wird der genau in der Mitte befindliche Wert ermittelt – also derjenige gegebene Wert, der genau in der Mitte zwischen dem niedrigsten und dem höchsten steht. Er ist der Median.

Ist eine gerade Anzahl an Werten gegeben, gibt es keinen genau in der Mitte stehenden Wert. Der Median liegt dann zwischen den beiden die Mitte bildenden Werten.

Beispiel:
Gegebene Werte: 17, 29, 34, 38, 47, 51, 55, 60
Es handelt sich um acht Werte. Der Median liegt also zwischen dem vierten und dem fünften gegebenen Wert. Demnach liegt er zwischen 38 und 47. Der Durchschnitt läge hier bei 41,375 (s. Durchschnitt).

Beispiel:
Gegebene Werte: 1500, 1520, 1550, 1575, 1600, 4500
Es handelt sich um sechs Werte. Der Median liegt also zwischen dem dritten und dem vierten Wert. Demnach liegt er zwischen 1550 und 1575. Der Durchschnitt läge hier hingegen bei 2040,833 (s. Durchschnitt). Der Median berücksichtigt den Ausreißer in seiner massiven Abweichung nicht.

Satz des Pythagoras mit Sinus, Kosinus und Tangens

Der Satz des Pythagoras ist einer der zentralen Sätze der euklidischen Geometrie – wer sich mit Mathematik befasst, kommt also kaum umhin, mit diesem mathematischen Satz konfrontiert zu werden. Der Satz des Pythagoras gibt Auskunft über die Länge der Seiten eines rechtwinkligen Dreiecks. Genutzt werden kann er vor allem, um unbekannte Seitenlängen eines solchen Dreiecks auszurechen.
Der Satz besagt, dass in allen Ebenen rechtwinkligen Dreiecken die Summe der Flächeninhalte der Kathetenquadrate der des Hypotenusenquadrats entspricht. Die Formel hierzu lautet
$a^2 + b^2 = c^2$.

a und b stehen für die Katheten, c für die Hypotenuse.
Als Katheten werden diejenigen Seiten bezeichnet, die am rechten Winkel des Dreiecks anliegen. Die Hypotenuse hingegen ist

diejenige Seite des Dreiecks, die dem rechten Winkel gegenüber liegt.

Über den Satz des Pythagoras gewinnen wir also die absoluten Längen aller drei Seiten des rechtwinkligen Dreiecks. Möchten wir nun das Verhältnis dieser Seiten zueinander bestimmen, müssen wir uns der Winkelfunktionen Sinus, Kosinus und Tangens bedienen.

Das Vorgehen hier ist vergleichsweise simpel. Der Sinus gibt das Verhältnis von Gegenkathete und Hypotenuse an. Bestimmt wird der Sinuswert durch die Rechenoperation Gegenkathete/Hypotenuse. Der Kosinus gibt das Verhältnis von Ankathete und Hypotenuse wieder und wird bestimmt durch die Rechenoperation Ankathete/Hypotenuse. Der Tangens wiederum gibt das Verhältnis von Gegenkathete und Ankathete wieder; er wird bestimmt durch die Rechenoperation Gegenkathete/Ankathete.

Die Unterscheidung von An- und Gegenkathete ist hierfür – anders als beim reinen Bestimmen der jeweiligen Seitenlängen – nötig. Voraussetzung hierfür ist das Gegebensein eines weiteren Winkels Alpha. Diejenige Kathete, die direkt an diesen Winkel Alpha anliegt, wird Ankathete genannt. Die andere Kathete ist die Gegenkathete.

Wahrscheinlichkeitsrechnung

Die Wahrscheinlichkeitsrechnung ist ein Thema, das uns im Alltag immer wieder begegnet. Ob wir nun Lotto spielen, einen Würfel in die Hand nehmen oder eine Münze werfen – immer wieder geht es darum, die Eintrittswahrscheinlichkeit unterschiedlicher Szenarien vorauszusagen.

Die allermeisten im Alltag nötigen Wahrscheinlichkeitsberechnungen sind dabei relativ simpel. Verdeutlicht werden soll dies am Beispiel des Würfels. Dieser Würfel weist sechs Seiten auf. Da er kein Übergewicht zu einer bestimmten Seite hat und die einzelnen Seiten sich auch anderweitig nicht nennenswert voneinander unterscheiden (sofern der Würfel nicht gezinkt ist), ist keine Seite aus physikalischen Gründen prädestiniert, nach unten zu fallen. Wir müssen allen sechs Möglichkeiten also eine gleich hohe Eintrittswahrscheinlichkeit zuerkennen. Die Berechnung ist nun simpel: Die Eintrittswahrscheinlichkeit einer bestimmten Option wird berechnet, indem der Wert 1 (wir berechnen schließlich die Eintrittswahrscheinlichkeit einer einzelnen Option) durch den Wert 6 (es gibt insgesamt schließlich sechs verschiedene Optionen) geteilt wird. Die Eintrittswahrscheinlichkeit liegt also bei 1/6.

Ähnlich lassen sich auch die Gewinnwahrscheinlichkeiten beim Lotto und bei ähnlichen Spielen bestimmen – wenngleich die Komplexität der Berechnung mit der Komplexität des Spielaufbaus ansteigt. Im Lotto etwa besteht im ersten Zug die Wahrscheinlichkeit 1/49 für jede Zahl. Im zweiten Zug liegt die Wahrscheinlichkeit für Zahl X bei 1/48, im dritten bei 1/47 usf. Nun bringt uns das allerdings kaum weiter – wir wollen schließlich nicht die Wahrscheinlichkeit des Fallens von Zahl X, sondern das unserer Kombination aus sechs Zahlen erfahren. Hier gestaltet sich die Rechnung weitaus komplizierter.

Im ersten Durchgang muss eine unserer sechs Zahlen fallen – die Wahrscheinlichkeit liegt bei 6/49. Tritt dieser Fall ein, muss im zweiten Durchgang eine unserer fünf verbleibenden Zahlen fallen – die Wahrscheinlichkeit beträgt 5/48. So geht es nun weiter. All diese Wahrscheinlichkeitswerte müssen wir nun multiplizieren, um die Gesamtwahrscheinlichkeit zu erhalten: 6/49 x 5/48 x 4/47 x 3/46 x 2/45 x 1/44. Als Ergebnis dieser Rechnung erhalten wir den Wert 1/13.983.816. Das wiederum ist die Gesamtwahrscheinlichkeit des Fallens unserer Kombination aus sechs Zahlen. Hinzu kommt beim deutschen „6 aus 49" dann noch die Superzahl.

Was ist Gegenstand und Ziel der Physik?

Die Physik befasst sich mit allen unbelebten Erscheinungen der empirisch erfahrbaren Welt und sucht nach Regelmäßigkeiten in ihnen und ihrem Verhalten. Ihr Ziel ist es, das Verhalten der Natur mit Hilfe der festgestellten Regelmäßigkeiten zu erklären. Sie bedient sich dabei empirischer Methoden, setzt also auf Beobachtung und ist damit eine klassische Naturwissenschaft. Gleichwohl wird im Bereich der Theoretischen Physik auch mit spekulativen Hypothesen gearbeitet – allerdings vor dem Hintergrund einer späteren empirischen Überprüfung.

Womit befasst sich die Optik?

Die Optik ist die Lehre vom Licht. Sie befasst sich mit der Ausbreitung des Licht sowie mit seinen Wechselwirkungen mit Materie – und damit auch mit optischen Abbildern, also dem, was wir sehen. Der Begriff der Optik leitet sich vom altgriechischen Wort „optikos" ab, was etwa „zum Sehen gehörend" bedeutet.

Womit befasst sich die Mechanik?

Die Mechanik ist die Lehre der Körper und ihrer Bewegungen. Sie ist vor allem in den Ingenieurwissenschaften, in welchen sie angewandt wird, von großer Bedeutung. Begründet wurde die klassische Mechanik im Wesentlichen durch Isaac Newton.

Was ist in der Physik das Universum?

Als Universum wird in der Physik die Gesamtheit der existierenden Materie bezeichnet. Im Kontext der Theorie des Materialismus (mehr dazu im Kapitel „Chemie"), ist damit die Gesamtheit des Seins, also schlicht alles, was ist, zu verstehen.

Was ist Energie?

Als Energie wird in der Physik das Fähigsein zum Verrichten mechanischer Arbeit, zum Abgeben von Wärme oder zum

Ausstrahlen von Licht bezeichnet. Energie ist damit eine Eigenschaft bzw. ein Zustand, die bzw. der Materie zukommt. Ferner ist sie eine zentrale physikalische Größe, die in der Einheit Joule gemessen wird. Für biologische Systeme ist sie lebensnotwendig.

Energie kann in unterschiedlichen Formen vorliegen: etwa in elektrischer, thermischer, chemischer oder mechanischer. Materie, die über Energie verfügt, wird als Energieträger bezeichnet.

Wie funktioniert Radioaktivität?

Radioaktivität ist eine Eigenschaft, die instabilen Atomkernen zukommt. Sie sind in der Lage, spontan ionisierende Strahlung auszusenden – das bedeutet: eine Strahlung auszusenden, welche Elektronen aus Molekülen oder Atomen herauszulösen. Beim Abgeben der ionisierenden Strahlung verliert de instabile Atomkern Teilchen und Energie und wandelt sich in einen anderen Kern um; alternativ gibt er Energie ab, um seinen Zustand zu halten. Die von dem instabilen Atomkern abgegebene Strahlung ist potentiell schädlich für den Menschen und andere Lebewesen. Sie wird teilweise jedoch gezielt genutzt – etwa in der Medizin.

Die Strahlung selbst ist – anders als in den Medien häufig behauptet – keinesfalls radioaktiv; nur die Substanzen, von denen sie ausgeht, ist es. Ferner tritt bei einem Nuklearanfall keine Strahlung aus (das wäre nur im engsten Umkreis bedenklich), sondern eine radioaktive Substanz, die sich teilweise in extrem großen Gebieten verteilt und überall, wo sie hingelangt, ionisierende Strahlung abgibt.

Was ist eigentlich Geschwindigkeit?

Die Geschwindigkeit als physikalische Größe gibt an, wie schnell etwas seinen Ort verändert. Gemessen wird die Geschwindigkeit in der Physik in Meter pro Sekunde. Ferner wird die Bewegungsrichtung angegeben.

Wie funktionieren Magnete?

Beim Magnetismus handelt es sich um ein physikalisches Phänomen, bei welchem (elektro)magnetische Kräfte auf bestimmte Stoffe einwirken. In klassischen Magneten wirken Elektronen, die sich beständig um sich selbst drehen. Diese als Spin bezeichnete Bewegung erzeugt ein Magnetfeld. In Metallen sind die Atome so angeordnet, dass die Elektronen vergleichsweise viel Raum für ihre Bewegungen haben – dadurch kommt es zu klaren, stabilen Magnetfeldern. In anderen Stoffen ist das trotz des dort ebenfalls vorhandenen Elektronenspins nicht der Fall. An zwei Punkten eines Magneten ist das magnetische Feld besonders hoch – sie werden als Nordpol und Südpol bezeichnet.

Wird ein klassisches Stabmagnet bei Abwesenheit anderer magnetischer Kräfte auf den Boden gelegt, richtet sich der Nordpol in Richtung des Erdnordpols, der Südpol in Richtung des Erdsüdpols. Generell stoßen sich zwei gleiche Pole ab, während zwei unterschiedliche Pole sich anziehen; der Erdnordpol ist magnetisch gesehen also ein Südpol, während der Erdsüdpol ein magnetischer Nordpol ist.

Was bedeutet Geozentrik?

Lange Zeit war das sog. geozentrische Weltbild verbreitet: Die Erde wurde als Mittelpunkt des Universums angenommen, um den sich – im Wortsinne – alles dreht. Mit Nikolaus Kopernikus und Johannes Kepler wurde dieses Weltbild revidiert.

Was bedeutet Heliozentrik?

Das heliozentrische Weltbild löste das geozentrische ab: Fortan wurde die Sonne als Zentrum des Universums angenommen. Mittlerweile gilt auch das heliozentrische Weltbild als veraltet. In der heutigen Physik wird die Ansicht vertreten, das Universum habe schlicht keinen Punkt, der sich als absolutes Zentrum qualifiziere.

Was besagt die Urknalltheorie?

Die Urknalltheorie ist eine in der Theoretischen Physik vertretene Theorie, mit der die Entstehung von Materie, Raum und Zeit (Raum und Zeit sind jeweils im streng physikalischen Sinne gemeint) erklärt werden soll. Diese Theorie beziffert den Entstehungszeitpunkt auf eine Zeit vor etwa 13,8 Milliarden Jahren. Entstanden sein sollen sie aus einer Anfangssingularität (einem winzigen Ort, in dem sich alles konzentriert haben soll und in dem die Gravitation derart stark war, dass die Raumzeit als unendlich gesetzt und damit aufgehoben werden muss) heraus, deren Entstehen selbst wiederum weder erklärt noch sinnvoll mit den Mitteln der Physik thematisiert werden kann, da sie sich qua Fehlen von Raumzeit dem Zugriff der Physik entzieht.

Was ist Gravitation?

Als Gravitation wird eine Grundkraft der Physik bezeichnet, die die gegenseitige Anziehung von Massen beschreibt. Auf der Erde bewirkt die Gravitationskraft ein Fallen jeglicher Masse gegen den Erdmittelpunkt, also die sog. Schwerkraft. An anderen Orten kann die Gravitation auch anders wirken.

Was besagt die Relativitätstheorie?

Die von Albert Einstein entwickelte Relativitätstheorie lässt sich in die Allgemeine und die Spezielle Relativitätstheorie untergliedern. Für das Verstehen der Relativitätstheorie sind zunächst einige Vorannahmen zu verstehen, die ihr zugrundeliegen: Raum und Zeit werden als objektiv existent verstanden (was in der Physik allgemein Grundannahme, außerhalb der Naturwissenschaften jedoch umstritten ist und eher abgelehnt wird); ein Inertialsystem wird als ein sich geradlinig mit gleichbleibender Geschwindigkeit bewegendes Koordinatensystem verstanden; Naturgesetze gelten universal; die Lichtgeschwindigkeit ist eine Konstante.

Die Spezielle Relativitätstheorie, die 1905 veröffentlicht wurde, ist ausgehend von diesen Prämissen leicht zu verstehen. Einstein stellte zunächst fest, dass Beobachter, die sich in zwei verschiedenen Inertialsystemen befinden, die gleichen Naturgesetze als vorhanden vorfinden. Daraus folgt die Gleichberechtigung aller Inertialsysteme – sie haben den gleichen Stellenwert. Gleichzeitig stellte Einstein fest, dass Zeit in verschiedenen Inertialsystemen unterschiedlich schnell vergehen kann und somit von Geschwindigkeit und damit von der Bewegung im Raum abhängig ist. Konkret bedeutet das etwa Folgendes: Für einen Menschen, der sich in einem fahrenden Zug befindet, vergeht die Zeit langsamer als für einen Menschen, der auf dem Bahnsteig steht. Empirisch nachprüfbar ist das nicht, da der Effekt laut Relativitätstheorie umso größer wird, je näher die Geschwindigkeit an die Lichtgeschwindigkeit, für die diese Relativität als einzige Ausnahme nicht gilt, heranrückt. Ein Zug (oder auch ein Raumschiff) ist also schlicht zu langsam, um etwas von diesem Effekt zu merken oder ihn überprüfen zu können.

Daraus folgen folgende Dinge:

1. Zeit ist relativ, da sie in verschiedenen Inertialsystemen (im Beispiel: Zug und Bahnsteig) unterschiedlich schnell vergeht und beide Inertialsysteme gleichberechtigt sind – beide Zeitmessungen sind also korrekt, auch wenn sie sich unterscheiden.

2. Raum und Zeit wirken aufeinander ein und sind – anders als in der Klassischen Mechanik angenommen – keine unabhängig voneinander existierenden Größen. Ausgehend von dieser Folgerung wird heute häufig der Begriff der Raumzeit verwendet. Die Raumzeit ist dabei gewissermaßen als vierdimensionales Koordinatennetz zu verstehen, in dem sich alles befindet, was ist.

3. Zwei Ereignisse X und Y, die in einem bestimmten Inertialsystem gleichzeitig stattfinden, können in einem anderen nacheinander stattfinden.

Die zehn Jahre später veröffentlichte Allgemeine Relativitätstheorie erweitert die Spezielle Relativitätstheorie um die Gravitation. Gravitation wird in der Allgemeinen

Relativitätstheorie ausgehend von den Postulaten der Speziellen Relativitätstheorie als Krümmung der Raumzeit verstanden. Erklärt wird diese Krümmung der Raumzeit durch die Anwesenheit von Körpern mit großer Masse. In der Nähe dieser massigen Körper krümmt sich die Raumzeit – was wiederum zur Folge hat, dass weniger massige Objekte, die sich in der Nähe befinden, von den massigeren angezogen werden. Die Gravitation wäre damit erklärt. Ferner bedeutet das, dass die Zeit in der Nähe massiger Körper langsamer vergeht als anderswo, was ebenfalls mit der Krümmung der Raumzeit zu erklären ist.

Veranschaulichen lässt sich die Krümmung der Raumzeit recht leicht. Man stelle sich hierzu ein großes gespanntes Tuch vor, in das von oben ein etwa handflächengroßer, schwerer Stein fallen gelassen wird. Der Stein wird die Spannung des Tuchs in seiner Nähe verändern; eine Delle wird entstehen. Diese Delle ist die Krümmung der Raumzeit. Wird nun ein weniger schweres Objekt ebenfalls in das Tuch gelegt, und zwar in die Nähe des Steins, wird es sich zu ihm bewegen – das wäre dann die durch die Raumzeitkrümmung bedingte Gravitation. Was an diesem Beispiel nicht veranschaulicht werden kann, ist die Zeitdilatation, die durch die Raumzeitkrümmung bedingt ist. Hierzu ist es jedoch hilfreich, sich wieder auf die Spezielle Relativitätstheorie zu konzentrieren, nach der Zeit und Raum untrennbar miteinander verbunden sind – eine Raumkrümmung ist demnach nicht ohne Zeitkrümmung vorstellbar.

Im Übrigen lassen sich mit der Allgemeinen und der Speziellen Relativitätstheorie auch Schwarze Löcher erklären: Im Zentrum eines solchen Schwarzen Lochs befindet sich ein unglaublich massereicher Körper, der zu einer so massiven Krümmung der Raumzeit geführt hat, dass die Delle in der Raumzeit so stark ist, dass nichts mehr aus ihr herausdringen kann. Mit einer so extremen Krümmung der Raumzeit geht auch eine so extreme Verlangsamung der Zeit einher, dass sie im Schwarzen Loch stillsteht. Des Weiteren wirkt das Schwarze Loch aufgrund seiner extremen Masse und der extremen Krümmung der Raumzeit weithin anziehend – und verschlingt daher andere Objekte, die sich in der Nähe befinden. Schwarz erscheint es im Übrigen, da nicht einmal mehr Licht aus der extremen Delle in der Raumzeit hervordringen kann.

Wie funktioniert elektrischer Strom?

Beim Strom fließen negativ geladene Teilchen, sog. Elektronen, einen Leiter entlang. Getrieben werden sie dabei von einem Ladungsunterschied zwischen Plus- und Minuspol, den sie ausgleichen wollen. Die Elektronen fließen dabei in Richtung des Pluspols. Ändert die Polung sich nicht, liegt Gleichstrom vor. Wechseln Plus- und Minuspol beständig, ändern die Elektronen beständig ihre Fließrichtung – dann liegt Wechselstrom vor, der auch in Haushalten genutzt wird. Der Strom wird in Ampere angegeben.

Was ist elektrische Spannung?

Eine Spannungsquelle verfügt über einen Plus- und einen Minuspol. Der Minuspol verfügt dabei über mehr Elektronen als der Pluspol. Es liegt also ein Ladungsunterschied vor. Die Spannung ist nun der Druck, mit dem die Elektronen zum Pluspol fließen – also die Antriebsstärke des elektrischen Stroms. Ziel dieser Bewegung ist der Ladungsausgleich. Die Spannung, die im Grunde nichts anderes als die Stärke des Elektronenflusses ist, entsteht, sobald ein Ladungsunterschied vorliegt. Abhängig ist die Stärke der Spannung dabei von der jeweiligen Spannungsquelle bzw. von ihrem spezifischen Ladungsunterschied. Die Spannung wird in Volt angegeben.

Was ist elektrischer Widerstand?

Ein elektrischer Leiter setzt dem durch ihn fließenden Strom einen bestimmten Widerstand entgegen. Je größer der Widerstand ist, desto weniger Strom fließt durch den Leiter. Oder: Je größer der Widerstand ist, desto höher muss die Spannung sein, um Strom fließen zu lassen. Der Widerstand wird in Ohm angegeben.

Was ist Demokratie?

Als Demokratie wird eine Staatsform bzw. politische Ordnung bezeichnet, bei der die Macht formal beim Volk liegt. Es übt diese Macht entweder selbst aus (direkte Demokratie) oder bestimmt in freien Wahlen Vertreter, welche die Macht stellvertretend ausüben (repräsentative Demokratie).

Was ist Monarchie?

Als Monarchie wird eine Staatsform bzw. politische Ordnung bezeichnet, bei der die Macht formal bei einem Monarchen oder einer Monarchin liegt. Der Monarch oder die Monarchin ist durch seine bzw. ihre Herkunft als herrschende Kraft legitimiert. Die Machtbefugnisse des Herrschers bzw. der Herrscherin können dabei allumfassend (absolute Monarchie) oder auch begrenzt bis minimal sein. So gibt es konstitutionelle Monarchien, in denen die Macht des Monarchen bzw. der Monarchin durch eine Verfassung begrenzt ist, und parlamentarische Monarchien, in denen die Macht weitgehend beim Parlament liegt und der Monarch/ die Monarchin kaum Macht besitzt.

Was ist Diktatur?

Als Diktatur wird eine Staatsform bzw. politische Ordnung bezeichnet, bei der eine einzelne Person oder eine Personengruppe uneingeschränkte Macht innehat. Von der absoluten Monarchie unterscheidet die Diktatur sich dadurch, dass das Herrschaftsrecht des Herrschers meist nicht durch seine Herkunft legitimiert ist, wobei diese Unterscheidung problematisch ist, da auch in Diktaturen in der Regel Legitimationsnarrative bemüht werden. Im heutigen Sprachgebrauch wird eine Diktatur vielfach mit einer Gewaltherrschaft gleichgesetzt.

Was ist Anarchismus?

Als Anarchismus wird eine politische Ordnung bzw. Theorie bezeichnet, deren Grundlage die Ablehnung von

Herrschaftsansprüchen ist. Der anarchistischen Theorie zufolge ergibt sich aus der Prämisse der persönlichen Freiheit die Unlegitimiertheit jeglicher Macht- und Herrschaftsausübung. Im Anarchismus wird das System der Anarchie, also eine durch persönliche Freiheit der Individuen bestimmte Gesellschaft ohne Herrschende sowie ohne Macht- und Gewaltausübung angestrebt.

Dieser Begriff der politischen Theorie und der politischen Philosophie ist von dem im alltäglichen Sprachgebrauch verwendeten Anarchiebegriff klar abzugrenzen.

Was versteht man unter Gewaltenteilung?

Als Gewaltenteilung wird die Unabhängigkeit der drei Staatsgewalten Legislative, Exekutive und Judikative voneinander bezeichnet. Durch Gewaltenteilung soll Machtmissbrauch vermieden werden, indem eine Institution nicht zwei Machtbereiche gleichzeitig ausüben darf.

Wofür ist die Legislative zuständig?

Als Legislative wird die gesetzgebende Gewalt bezeichnet. In Deutschland bilden Bundestag, Bundesrat und Landtage die Legislative – sie beschließen Gesetze.

Wofür ist die Exekutive zuständig?

Als Exekutive wird die ausführende Gewalt bezeichnet. Sie sorgt für die Einhaltung der gesetzlichen Ordnungen und Bestimmungen. In Deutschland stellen die Bundesregierung und die Verwaltung mit allen zugehörigen und unterstehenden Institutionen die Exekutive dar.

Wofür ist die Judikative zuständig?

Als Judikative wird die rechtsprechende, also urteilende Gewalt bezeichnet. Hierbei handelt es sich um die unterschiedlichsten

Gerichte, die über die Rechtmäßigkeit oder Unrechtmäßigkeit bestimmter Handlungen urteilen und Strafen verhängen.

Wie ist die Bundesrepublik Deutschland aufgebaut?

Die Bundesrepublik Deutschland ist ein als parlamentarische Demokratie organisierter föderaler Staat, der sich aus sechzehn Bundesländern zusammensetzt. Sowohl der Bund als auch die Länder besitzen Organe aller drei Gewalten. Die Gesetzgebungs- und -ausübungskompetenzen sind gesetzlich geregelt.

Was macht der Bundestag und wer wählt ihn?

Der Bundestag ist das deutsche Parlament, das alle vier Jahre in freier und geheimer Wahl von allen volljährigen Bürgerinnen und Bürgern der Bundesrepublik gewählt wird. Zu seinen Aufgaben zählen die Ausarbeitung von Gesetzesvorschlägen, die Abstimmung über Gesetzesvorschläge und die Wahl des Bundeskanzlers bzw. der Bundeskanzlerin. Ferner bestimmt der Bundestag die Hälfte der Verfassungsrichterinnen und -richter. Weiterhin werden verschiedene Beauftragte sowie Präsident und Vizepräsident des Bundesrechnungshofs durch den Bundestag bestimmt. Des Weiteren stellt der Bundestag zwei Drittel der Mitglieder des *Gemeinsamen Ausschusses*.

Weitere wichtige Aufgaben des Bundestags sind die Kontrolle der Nachrichtendienste, die Genehmigung von Einsätzen der Bundeswehr, die damit eine Parlamentsarmee ist sowie die Einrichtung von Untersuchungsausschüssen zu politisch bedeutsamen Gegebenheiten.

Was ist der Bundesrat?

Der Bundesrat ist neben dem Bundestag das zweite Organ der Legislative. In ihm sind Vertreter der Regierungen der Bundesländer vertreten. Ihre Aufgabe als Mitglieder des

Bundesrats besteht darin, bei der Gesetzgebung des Bundes mitzuwirken. Einige Gesetze müssen nicht nur vom Bundestag beschlossen, sondern auch vom Bundesrat bestätigt werden, um rechtskräftig werden zu können. Ferner hat der Bundesrat das Recht, Einspruch gegen nicht von ihm genehmigungspflichtige Gesetze einzulegen. Bei einem solchen Einspruch kann er jedoch vom Bundestag überstimmt werden.

Zu den weiteren Aufgaben des Bundesrats zähl die Wahl der Hälfte der Verfassungsrichter. Außerdem stellt der Bundesrat ein Drittel der Mitglieder des *Gemeinsamen Ausschusses*.

Was macht der Bundeskanzler/ die Bundeskanzlerin und wie wird er/sie gewählt?

Der Bundeskanzler bzw. die Bundeskanzlerin steht gemeinsam mit den Bundesministern an der Spitze der Exekutive der Bundesrepublik. Er oder sie schlägt die Ministerinnen und Minister der Bundesregierung vor und verfügt über sog. Leitlinienkompetenz: Der Kanzler bzw. die Kanzlerin gibt also die Richtung der Politik in der Bundesrepublik vor. Gewählt wird der Kanzler bzw. die Kanzlerin nicht direkt vom Volk, sondern vom Bundestag. Obwohl der Bundeskanzler nicht Staatsoberhaupt ist, ist er der politisch mächtigste Mensch in der Bundesrepublik. Gewählt wird er für vier Jahre. Vor Ablauf der Legislaturperiode kann er nur durch ein konstruktives Misstrauensvotum, bei welchem der Bundestag mit absoluter Mehrheit einen Nachfolger wählt, gegen seinen Willen aus dem Amt befördert werden. Erster Bundeskanzler der Bundesrepublik Deutschland war Konrad Adenauer. Derzeit ist Angela Merkel Bundeskanzlerin.

Die Bundeskanzler der Bundesrepublik Deutschland waren (in chronologischer Reihenfolge) Konrad Adenauer, Ludwig Erhard, Willy Brandt, Walter Scheel (geschäftsführend für wenige Tage), Helmut Schmidt, Helmut Kohl, Gerhard Schröder und derzeit Angela Merkel.

Wofür ist der Bundespräsident/ die Bundespräsidentin da und wie wird er/sie gewählt?

Der Bundespräsident ist das Staatsoberhaupt der Bundesrepublik Deutschland. Er muss jedes Gesetz gegenzeichnen, er ernennt den Bundeskanzler nach seiner Wahl durch den Bundestag und er ernennt auf Vorschlag des Kanzlers die Ministerinnen und Minister der Bundesregierung. Obwohl der Bundespräsident politisch traditionell kaum in Erscheinung tritt, ist seine Aufgabe nicht bloß repräsentativer Natur. Ihm kommen formal wichtige Aufgaben zu – etwa die bereits genannte Notwendigkeit der Gegenzeichnung aller beschlossenen Gesetze, damit sie rechtskräftig werden. Außerdem hat er besonders in Ausnahme- und Notsituationen weitreichende politische Rechte und Pflichten.

Gewählt wird der Bundespräsident, der nur einmal wiedergewählt werden darf, von der Bundesversammlung. Die Bundesversammlung besteht zur Hälfte aus Mitgliedern des Bundestags und zur Hälfte aus Personen, die von den Landesparlamenten bestimmt werden. Diese von den Landesparlamenten bestimmten Mitglieder der Bundesversammlung sind häufig Prominente.

Die Bundespräsidenten der Bundesrepublik Deutschland waren (in chronologischer Reihenfolge) Theodor Heuss, Heinrich Lübke, Gustav Heinemann, Walter Scheel, Karl Carstens, Richard von Weizsäcker, Roman Herzog, Johannes Rau, Horst Köhler, Christian Wulff, Joachim Gauck und derzeit Frank-Walter Steinmeier.

Was ist eigentlich ein Bundesland?

Die Bundesrepublik Deutschland setzt sich aus sechzehn Bundesländern zusammen. Die Bundesländer sind dabei rechtlich gesehen teilsouveräne Gliedstaaten. Die Bundesrepublik selbst erhält ihren Staatscharakter erst dadurch, Zusammenschluss dieser Staaten zu sein. Alle sechzehn Bundesländer sind – ebenso wie die Bundesrepublik – als parlamentarische Demokratien organisiert. An ihrer Spitze steht in dreizehn Ländern ein

Ministerpräsident, in Berlin der Regierende Bürgermeister und in Hamburg sowie in Bremen der Präsident des Senats.

Was versteht man unter Föderalismus?

Als Föderalismus wird ein staatliches Organisationsprinzip verstanden, bei dem die einzelnen Glieder des Staates über eine gewisse Eigenständigkeit verfügen und selbst Staatscharakter haben. Deutschland ist föderalistisch organisiert.

Was versteht man unter Zentralismus?

Der Zentralismus ist das Gegenteil des Föderalismus. Bei ihm ist der Staat und damit auch die Macht zentral organisiert. Frankreich ist beispielsweise ein zentralistischer Staat.

Wie ist die Europäische Union organisiert?

Die Europäische Union (kurz: EU) ist ein Staatenverbund, der sich aus 28 Ländern zusammensetzt. Die EU selbst ist kein Staat, sondern ein überstaatliches Gebilde. Hervorgegangen ist sie aus der Europäischen Wirtschaftsgemeinschaft (EWG). Ziel der EWG war die Verflechtung der Wirtschaft innerhalb Europas, die einerseits zu Wirtschaftswachstum führen und andererseits friedenssichernd wirken sollte. Die EU hat weit mehr politische Rechte als die ehemalige EWG; ihr Tätigkeitsbereich beschränkt sich nicht auf die Wirtschaftspolitik. Neunzehn der 28 Mitgliedsländer bilden eine Währungsgemeinschaft; gemeinsame Währung ist der Euro.

Die EU regelt heute Fragen der Wirtschaftspolitik, der Handelspolitik, der Agrar-, Fischerei-, Wettbewerbs-, Bildungs-, Justiz-, Innen-, Verbraucher-, Sicherheits-, Verteidigungs-, Sozial-, Umwelt-, Klima-, Verkehrs- und Raumfahrtpolitik. Sie hat damit umfassende Rechte in unterschiedlichsten Bereichen.

Ziel der EU ist heute vor allem die Sicherstellung eines freien Personen- und Wirtschaftsverkehrs innerhalb Europas und die

Sicherung der Position der Mitgliedsstaaten in der Weltpolitik. Der EU kommt dabei eine herausgehobene Stellung zu, ist sie doch zweitstärkster Wirtschaftsraum der Erde. Der Zusammenschluss der Einzelstaaten in der EU bedeutet für die Staaten also vor allem mehr Sicherheit und eine weitaus komfortablere Position in der Weltpolitik. Für die Bürgerinnen und Bürger der Mitgliedsländer ist die EU mit einigen Annehmlichkeiten wie freiem Waren- und Personenverkehr verbunden, wodurch etwa Reisen ohne Zollkontrollen, die permanente Niederlassung in einem anderen Mitgliedsstaat und kultureller Austausch problemlos möglich sind.

Die EU verfügt sowohl über gesetzgebende (Europäisches Parlament, Rat der Europäischen Union), ausführende (Europäische Kommission) und rechtsprechende (Gerichtshof der Europäischen Union) Gewalt. Ferner verfügt sie mit der Europäischen Zentralbank über ein wirtschafts- und geldpolitisches Organ.

Was macht das EU-Parlament und wie wird es gewählt?

Das europäische Parlament (auch: EU-Parlament) ist ein Legislativorgan der EU. Gewählt wird es von den Bürgerinnen und Bürgern der einzelnen Mitgliedsstaaten. Das EU-Parlament sitzt in Straßburg. Neben seinen Gesetzgebungsaufgaben kontrolliert es alle EU-Organe und entscheidet über den Haushalt der EU.

Bei der Wahl des EU-Parlaments können die Bürgerinnen und Bürger nur für Parteien aus ihrem eigenen Land stimmen. Gewählt wird alle fünf Jahre. Die Parteien der einzelnen Mitgliedsstaaten, die in das EU-Parlament gewählt wurden, schließen sich dort zu größeren Fraktionen zusammen.

Wofür ist die EU-Kommission zuständig und wer bildet sie?

Die europäische Kommission (auch: EU-Kommission) ist die Exekutivgewalt der EU. Sie übernimmt damit die Rolle, die in den Mitgliedsstaaten die Regierungen innehaben. Die EU-Kommission schlägt dem EU-Parlament und dem EU-Rat Gesetze vor, über die diese dann abstimmen. Ferner verwaltet sie den Haushalt der EU, handelt internationale Verträge aus und kontrolliert die Einhaltung des EU-Rechts. Sie bestimmt die EU-Politik.

Die Kommission setzt sich aus 28 Kommissarinnen und Kommissaren zusammen; jedes Mitgliedsland entsendet einen Kommissar oder eine Kommissarin. An der Spitze der EU-Kommission, die in Brüssel sitzt, steht der Kommissionspräsident. Derzeit ist dies Ursula von der Leyen.

Der Kommissionspräsident wird vom EU-Rat aus den Kommissaren nominiert und muss anschließend vom EU-Parlament für die Dauer von fünf Jahren gewählt werden. Der Kommissionspräsident hat Richtlinienkompetenz und entscheidet damit maßgeblich über die Politik der EU.

Die EU-Kommission steht immer wieder in der Kritik, da ihre Kommissare nicht demokratisch gewählt, sondern von den Regierungen der Mitgliedsstaaten bestimmt werden. Angesichts der politischen Macht, die die EU-Kommission mittlerweile hat, wird dieser Umstand als bedenklich eingestuft.

Was macht der EU-Rat?

Der Rat der Europäischen Union (auch: EU-Rat) ist ein Legislativorgan der EU. Zusammen mit dem EU-Parlament ist er an der Gesetzgebung beteiligt. Der EU-Rat setzt sich aus Ministerinnen und Ministern der Mitgliedsstaaten zusammen. Weiterhin sorgt er für die Abstimmung der Grundlagen von Wirtschafts- und Sozialpolitik, schließt internationale Verträge und legt die Leitlinien der Außen- und Sicherheitspolitik der EU fest. Der EU-Rat hat seinen Sitz in Brüssel.

Wofür sind die Vereinten Nationen (UN, UNO) da?

Die Vereinten Nationen sind ein überstaatlicher Zusammenschluss von 193 Ländern, deren Hauptaufgaben in der Friedenssicherung, in der Sicherung der Menschenrechte, in der Überwachung der Einhaltung des Völkerrechts und in der Förderung der internationalen Zusammenarbeit bestehen. Wichtige Organe der UN sind die Generalversammlung, in der jeder Staat eine Stimme hat und in der über weltpolitische Fragen verhandelt wird, der UN-Sicherheitsrat, der in weltpolitischen Sicherheitsfragen berät, der UN-Wirtschafts- und Sozialrat, der globale Wirtschafts- und Sozialangelegenheiten behandelt sowie der Internationale Gerichtshof in Den Haag, der als völkerrechtliches Gericht in Rechtsstreitigkeiten zwischen verschiedenen Staaten, die ihn anerkennen, entscheidet. Darüber hinaus gehört auch das Hilfswerk UNICEF zur UNO.

Was macht die NATO?

Die NATO (North Atlantic Treaty Organization) versteht sich als militärisch-politische Organisation, die von ihren freien, demokratischen Mitgliedsstaaten getragen wird. Sie ist damit mehr als ein reines Verteidigungsbündnis, als das sie häufig gesehen wird.

Was ist die Fünf-Prozent-Hürde und wieso gibt es sie?

Die Fünf-Prozent-Hürde bezeichnet in Deutschland die Einzugsbeschränkung in den Bundestag und die Landesparlamente. Parteien, die weniger als fünf Prozent der Gesamtstimmen erhalten, dürfen nicht ins Parlament einziehen. Dadurch soll ein übermäßiges Anwachsen des Parlaments, das Koalitionsbildungen und Entscheidungen massiv erschweren würde, verhindert werden. In der Weimarer Republik existierte keine Einzugshürde, was zu enormen politischen Problemen führte.

Was sind die Paradigmen der Psychologie?

Als Paradigmen der Psychologie werden die fünf großen Theorien bzw. Erklärungsmodelle menschlichen Verhaltens, Erlebens, Denkens und Fühlens bezeichnet – Tiefenpsychologie, Behaviorismus, Humanistische Psychologie, Kognitivismus und Biopsychologie.

Was beschreibt die Tiefenpsychologie?

Zentrale These der Tiefenpsychologie ist das Vorhandensein des Unbewussten und unbewusster psychischer Vorgänge. Der Mensch ist damit ein komplexes System, in dem neben den dem Bewusstsein zugänglichen Kräften auch unbewusste Kräfte wirken. Diese unbewussten psychischen Prozesse wirken sich wiederum in hohem Maße auf das bewusste Erleben aus. Weiterhin wird angenommen, dass das Unbewusste nach eigenen Gesetzmäßigkeiten funktioniert – so soll es etwa alogisch und seine Prozesse zeitlich ungeordnet sein. Im Wesentlichen bedeutet das, dass die Triebkräfte des Unbewussten nicht den Konventionen des Bewusstseins gehorchen, sondern diesen mitunter zuwiderlaufen. Unterschieden werden müssen unbewusste psychische Prozesse vom Unbewussten selbst.

Wichtiges Beispiel für unbewusst ablaufende Prozesse sind die sog. Abwehrmechanismen, mit denen sowohl zu schmerzvolle Erinnerungen und Empfindungen als auch triebhafte oder andere Wünsche, die nicht ausgelebt werden können, aus dem Bewussten gedrängt und ins Unbewusste abgeschoben werden. Ein unbewusster Prozess ist ein psychischer Prozess, den wir nicht bewusst vollziehen und den wir auch nicht bewusst nachvollziehen können.

Das Unbewusste selbst speist sich aus diesen Inhalten, die zwar aus dem Bewusstsein jedoch nicht aus dem psychischen System gedrängt werden können. Ferner finden sich in ihm Inhalte, die prinzipiell nicht bewusst gemacht werden können – etwa Instinkte oder Triebe.

Zentral ist in der Tiefenpsychologie auch das *Freudsche Strukturmodell der Psyche*, welche sich aus den Komponenten ES, ICH und ÜBER-ICH zusammensetzt. Das ES umfasst triebhafte Wünsche, das ÜBER-ICH hingegen moralische Werte. ES und ÜBER-ICH stehen in beständigem Konflikt um das ICH, welches als vermittelnde Instanz zwischen ihnen steht und sich aus beiden speist.

Die Entstehung psychischer Erkrankungen wird in der Tiefenpsychologie im Wesentlichen auf unbewusste Konflikte und nicht verarbeitete verdrängte Erfahrungen zurückgeführt. Ziel der Psychotherapie ist es, diese Inhalte des Unbewussten bewusst zu machen und zu bearbeiten. Zu den tiefenpsychologischen Psychotherapien zählen etwa die Psychoanalyse und die tiefenpsychologisch fundierte Psychotherapie.

Hauptvertreter der Tiefenpsychologie waren Sigmund Freud, der als ihr Begründer gilt, Alfred Adler und Carl Gustav Jung.

Was beschreibt der Behaviorismus?

Der Behaviorismus versteht die menschliche Psyche als Black Box. Das bedeutet, dass nicht aufgedeckt werden kann, was genau in ihr vorgeht. Das bedeutet jedoch nicht, dass nicht dargelegt werden könne, wie sie im Allgemeinen funktioniert. Hier vertritt der Behaviorismus die Kernthese, jegliches menschliche Verhalten sei erlernt und könne wieder verlernt werden. Der Verhaltensbegriff ist dabei extrem weitgefasst: Auch Gefühle und Denkmuster zählen dazu und gelten daher im Behaviorismus als erlernt.

Zentral ist ferner die Annahme des Reiz-Reaktions-Modells: Der Mensch ist immer in einer gewissen Umwelt befindlich, auf deren Reize er reagiert. Anhand dieser Reize und seiner Reaktionen auf sie lernt er. Das Lernen wiederrum wird im Modell der klassischen und der operanten Konditionierung beschrieben. Wenn man so will, kann der Mensch als roboterhaft aufgefasst werden: Er ist im Grunde eine lernfähige Maschine, die auf ihre natürliche und soziale Umwelt reagiert und sich anpasst.

Die Entstehung psychischer Krankheiten kann mit diesem Modell relativ einfach erklärt werden: Ein bestimmtes Verhalten wurde erlernt, da es zu einer bestimmten Zeit nützlich war. Nun ist dieses Verhalten jedoch kontraproduktiv, wird jedoch, da es eben gelernt wurde, weiterhin an den Tag gelegt. Ziel der Psychotherapie ist demnach, das störende Verhalten wieder zu verlernen und an seiner Stelle ein anderes, produktiveres Verhalten zu erlernen. Diese Therapien sind klassische Verhaltenstherapien.

Hauptvertreter des Behaviorismus waren u.a. John B. Watson, Burrhus Frederic Skinner und Iwan Pawlow.

Was beschreibt die Humanistische Psychologie?

Die Humanistische Psychologie gilt als eine der fünf Hauptströmungen der Psychologie. Anders als die vier anderen Strömungen entzieht sie sich einer Systematisierung weitestgehend, da eine solche ihrem Grundkonzept widersprechen würde. In der Humanistischen Psychologie wird der Mensch als Individuum in den Vordergrund gerückt: Es gibt kein allgemeines Schema, das jedes Verhalten, Fühlen oder Denken erklären kann. Das Individuum ist vielmehr als solches, also in seiner je-eigenen Individualität, und in seinem Streben nach Selbstverwirklichung anzuerkennen. Verstehen lässt sich das Individuum dabei explizit nicht als Summe seiner Einzelteile – eine Reduktion auf bestimmte Kräfte, die im Individuum wirken oder es bedingen, wird also als nicht zielführend verstanden. Stattdessen ist der individuelle Mensch stets als Ganzes zu betrachten.

Die Entstehung psychischer Störungen wird in der Humanistischen Psychologie mit einer Blockade der Selbstentfaltung des Individuums durch äußere Kräfte erklärt. Die Psychotherapie zielt darauf, das Individuum in der Entfaltung seiner ihm eigenen Ressourcen zu unterstützen und ihm dadurch dabei zu helfen, die Blockade aus eigener Kraft heraus zu überwinden, und wieder im Sinne einer Selbstverwirklichung tätig werden zu können.

Selbstverwirklichung ist dabei in etwa als der Prozess zu verstehen, der zu werden, der man sein will. Hier wird sichtbar, dass eine Wurzel der Humanistischen Psychologie im Existenzialismus auszumachen ist.

Hauptvertreter der Humanistischen Psychologie, die keine einheitliche Schule ist, waren u.a. Abraham Maslow und Carl Rogers.

Was beschreibt der Kognitivismus

Der Kognitivismus ist eine der fünf großen Strömungen in der Psychologie. Ebenso wie der Behaviorismus sieht er Lernprozesse als zentral für menschliches Erleben und Verhalten an. Er grenzt sich jedoch vom Behaviorismus ab, da er die menschliche Psyche keineswegs als Black Box ansieht, sondern sich gerade auf die hier stattfindenden Informationsverarbeitungsprozesse bezieht. Zentral sind anders als im Behaviorismus nicht die aus der Umwelt aufgenommenen Reize, sondern das, was in der Psyche mit ihnen geschieht – es kommt also auf die Verarbeitung der aufgenommenen Information an.

Diese sog. innerpsychischen Vorgänge erhalten die Aufmerksamkeit der Kognitivisten: Wie bewertet ein Mensch eine bestimmte Situation? Was denkt er? Welche Einstellungen hat er? Wovon ist er überzeugt? Diese Kognitionen (Einstellungen, Gedanken, Überzeugungen und Bewertungen) sind im Kognitivismus zentral: Sie entscheiden darüber, wie wir fühlen, wie wir erleben und wie wir uns verhalten. Mit ihrer Hilfe verarbeiten wir alles, was wir erleben. Die von Mensch zu Mensch unterschiedlichen Kognitionen entstehen wesentlich durch Erfahrungen, sind also gelernt und können verändert werden.

Psychische Störungen werden im Kognitivismus auf kognitive Verzerrung zurückgeführt. Das bedeutet, dass unsere Kognitionen zu einer Verzerrung unserer Wahrnehmung führen, was wiederum dazu führt, dass wir unsere Kognitionen bestätigt sehen und keine gegenteiligen Erfahrungen, die zu einer Veränderung unserer Kognitionen führen würden, machen können. Ein einfaches Beispiel: Wer davon überzeugt ist, dass alle gegen ihn sind, wird jede Erfahrung, die er macht, derart interpretieren, da sie eben mit Hilfe der vorhandenen Kognitionen verarbeitet wird. Eine Psychotherapie zielt darauf, die kognitive Verzerrung bewusst zu machen und zu beseitigen, um anschließend das Erleben gegenteiliger Erfahrungen und damit den Aufbau anderer Kognitionen zu begünstigen. Diese Form der Psychotherapie wird als Kognitive Verhaltenstherapie bezeichnet.

Hauptvertreter des Kognitivismus waren etwa Jean Piaget und Jerome S. Bruner.

Was beschreibt die Biopsychologie

Die Biopsychologie ist eine der fünf Hauptströmungen der Psychologie. Sie führt menschliches Verhalten, Erleben, Empfinden und Denken in Gänze auf biologische Gegebenheiten zurück. Der Mensch wird im biopsychologischen Modell als genetisch determiniertes Wesen verstanden – er ist durch Gene, Hormone und sein Nervensystem an bestimmte Verhaltens- und Erlebensweisen gebunden.

Psychische Störungen werden als Störungen der Physiologie, letztlich also als rein körperlich bedingt, verstanden und entsprechend durch Psychopharmaka behandelt.

Als ein Wegbereiter der Biopsychologie kann Wilhelm Wundt angesehen werden.

Womit befasst sich die Allgemeine Psychologie?

Die Allgemeine Psychologie ist ein Teilgebiet der wissenschaftlichen Psychologie. Sie befasst sich u.a. mit Fragen der Wahrnehmung, des Gedächtnisses, des Bewusstseins, der Motivation, der Emotion, des Lernens und des Denkens.

Womit befasst sich die Entwicklungspsychologie?

Die Entwicklungspsychologie ist ein Teilbereich der wissenschaftlichen Psychologie. Sie befasst sich mit der normalen psychischen Entwicklung eines Menschen über die Lebensspanne hinweg.

Womit befasst sich die Sozialpsychologie?

Die Sozialpsychologie ist ein Teilgebiet der wissenschaftlichen Psychologie. Sie befasst sich mit dem Einfluss der Gegenwart anderer Menschen auf das Verhalten und Erleben von Menschen. In dieser Funktion befasst sie sich etwa mit Massen- und Gruppenpsychologie, untersucht Aggression, prosoziales Verhalten, Attraktivität, Kommunikation, Soziales Lernen oder das Agieren nach Wertvorstellungen.

Womit befasst sich die Klinische Psychologie?

Die Klinische Psychologie ist ein Teilgebiet der wissenschaftlichen Psychologie. Sie befasst sich mit psychischen Erkrankungen, ihrer Diagnostik, ihrer Therapie, ihren Auswirkungen, ihrer Prävention und ihrer Entstehung. Sie ist zwar Teil der Angewandten Psychologie, darf jedoch nicht mit der rein praxisbezogenen Psychotherapie verwechselt werden. In der Klinischen Psychologie herrscht stattdessen das Scientist-Practitioner-Modell vor, d.h. es wird Forschung betrieben, die in der Praxis umgesetzt wird. Wer in Deutschland als Psychologischer Psychotherapeut bzw. als Psychologische Psychotherapeutin arbeiten will, muss einen Master-Abschluss in Psychologie vorweisen können und im Studium mindestens ein Modul in Klinischer Psychologie absolviert haben.

Was ist die Psychotherapie?

Die Psychotherapie ist eine Methode zur Behandlung psychischer und psychosomatischer Erkrankungen. Ausgeübt wird sie in

Deutschland von Psychologischen Psychotherapeuten/-innen, Kinder- und Jugendlichenpsychotherapeuten/-innen, Ärztinnen und Ärzten (insb. Fachärzte/Fachärztinnen für Psychosomatische Medizin und Psychotherapie, für Psychiatrie und Psychotherapie sowie für Kinder- und Jugendpsychiatrie und Psychotherapie), von Heilpraktikern und Heilpraktikerinnen sowie von Heilpraktikerinnen und Heilpraktikern für Psychotherapie.

Es gibt unterschiedlichste psychotherapeutische Schulen, die sich sowohl hinsichtlich ihres theoretischen Unterbaus als auch hinsichtlich ihrer Vorgehensweise stark voneinander unterscheiden.

Was ist eine Kognition?

Als Kognition wird jeder psychische Prozess der Informationsverarbeitung bezeichnet. Mehr dazu unter „Kognitivismus".

Wie ist „Wahrnehmung" definiert?

Wahrnehmung bezeichnet Prozess und Ergebnis der Aufnahme und Verarbeitung von Reizen. Der in der Psychologie so definierte Begriff wendet sich damit explizit gegen das naive Bild des Menschen als eine Art Videokamera, die schlichtweg ungefiltertes Geschehen in sich aufnimmt. Der Wahrnehmungsprozess inkludiert vielmehr auch die Filterung, Umgestaltung und Neuzusammensetzung des Aufgenommenen.

Was ist Lernen?

Als Lernen wird sowohl der absichtliche als auch der beiläufige Erwerb von Fertigkeiten bezeichnet. Im Grunde kann damit jede Veränderung, die in Folge und aufgrund einer gemachten Erfahrung eintritt, als Lernprozess bzw. als Ergebnis eines Lernprozesses aufgefasst werden.

Was ist eigentlich das Gedächtnis und wie funktioniert es?

Das Gedächtnis ist im Verständnis der Psychologie kein Ort, sondern vielmehr eine Fähigkeit. Es kann dementsprechend auch nicht lokalisiert werden. Als Gedächtnis werden also einfach die Merk- und Lernfähigkeit sowie die Merk- und Lernprozesse bezeichnet. Unterteilt wird das Gedächtnis dabei für gewöhnlich entweder chronologisch oder funktional. Die chronologische Unterscheidung sieht eine Unterteilung in sensorisches, Arbeits- und Kurzzeitgedächtnis sowie Langzeitgedächtnis vor. Hier wird also nach der Dauer des Merkens und Erinnernkönnens gefragt – im sensorischen Gedächtnis bleiben Inhalte wenige Sekunden lang, im Arbeits- und Kurzzeitgedächtnis Tage und Wochen, im Langzeitgedächtnis über sehr lange Zeiträume hinweg. Vielfach wird auch davon ausgegangen, dass etwas, das einmal im Langzeitgedächtnis gespeichert ist, nicht mehr vergessen werden kann.

Daneben existiert auch die funktionale Einteilung in deklaratives und prozedurales Gedächtnis. Das deklarative Gedächtnis enthält bewusst zugängliche Inhalte also Faktenwissen (semantisches Gedächtnis) und Wissen über Erlebtes (episodisches Gedächtnis). Das prozedurale Gedächtnis hingegen beinhaltet vor allem Informationen zu Bewegungsabläufen.

Was versteht man unter Intelligenz?

Intelligenz ist ein Konstrukt. Das bedeutet, dass Intelligenz im Grunde eine menschliche Erfindung, eine Hilfskonstruktion ist und nichts, was tatsächlich greifbar wäre. Geschaffen wird eine solche Hilfskonstruktion, um bestimmte Eigenschaften gebündelt beschreiben zu können. Die Intelligenz beschreibt dabei die geistige Leistungsfähigkeit. Eine allgemeingültige Definition der Intelligenz gibt es nicht. In der Psychologie herrscht vielmehr Uneinigkeit darüber, welche kognitiven Fähigkeiten wie stark in die Betrachtung einbezogen werden sollten.

Ein Intelligenztest soll entsprechend dazu dienen, bestimmte kognitive Eigenschaften einer Person zu erfassen. Welche Eigenschaften dabei erfasst werden sollen, ist von der Testkonstruktion abhängig. Um Vergleichbarkeit herzustellen, wird das Ergebnis in einer Zahl, dem sogenannten Intelligenzquotienten, angegeben. Dieser errechnet sich als Abweichung nach oben oder unten vom Wert 100, der als zu erwartender Wert bei angenommener Normalverteilung innerhalb der Bevölkerung vorher festgelegt wird.

Das Konstrukt Intelligenz ist damit vor allem statistisch von Bedeutung, um kognitive Eigenschaften mehr oder minder feststellen und miteinander vergleichen zu können. Derartige Testverfahren unterliegen jedoch Kritik: So muss etwa Sprache beherrscht werden, um einen Test bearbeiten zu können. Ferner wird die Annahme der Normalverteilung kritisiert, die weitgehend willkürlich gesetzt wurde und Grundlage der Konstruktion eines jeden Intelligenztests ist. Außerdem werden Übungseffekte moniert: Aufgaben lassen sich trainieren, weshalb Menschen mit Erfahrung in Intelligenztests besser abschneiden als Ungeübte, was jedoch nichts über die kognitiven Fähigkeiten aussagt. Auch an der Vergleichbarkeit der Ergebnisse wird gezweifelt: So ist es etwa möglich, aufgrund schlechter Tagesform trotz hoher kognitiver Leistungsfähigkeit schlecht abzuschneiden – auch bei wiederholten Tests. Ferner werden immer nur ausgewählte Fähigkeiten an ausgewählten Beispielen getestet und nicht umfassend die kognitive Leistungsfähigkeit, was in der Praxis schlicht nicht möglich wäre. Auch die Vergleichbarkeit verschiedener Intelligenztests untereinander ist nicht unbedingt gegeben, da die Fragenauswahl eine andere ist und somit mitunter einige Bereiche, die bei Test A stärker berücksichtig werden, bei Test B weniger ins Gewicht fallen. Hierin liegt gleich der nächste Kritikpunkt: Wie stark welche kognitive Leistung gewichtet wird, wird willkürlich festgelegt. Außerdem wird dem Umstand, dass manche Menschen in bestimmten kognitiven Leistungsfeldern herausragend, in anderen jedoch unterdurchschnittlich sein können, durch die schlichte Etikettierung mit einer Zahl nicht

Rechnung getragen – die Komplexität der kognitiven Fähigkeiten mit einer Zahl wiedergeben zu wollen, scheint demnach ein wenig sinnvolles Unterfangen zu sein.

Theodor W. Adorno formulierte eine grundsätzliche Kritik am Intelligenzbegriff. Dieser gibt ihm zufolge nur wieder, inwieweit bestimmte Verhaltensweisen, die ein Individuum an den Tag legt, dem jeweiligen technischen Entwicklungsstand angemessen sind, ergo: inwieweit das Verhalten im kulturell-gesellschaftlichen Kontext als sinnvoll erscheint. Adorno sieht hierin den Versuch einer Beschränkung des Denkens auf das Feld des Problemlösens, was einem Verlust der Autonomie des Denkens gleichkommen würde. Die so verstandene Intelligenz wertet er als moralische Kategorie.

Was ist ein Trauma?

Als Trauma wird in der Psychologie eine schwere psychische Verletzung bezeichnet. Teilweise wird auch der dadurch hervorgerufene psychische Zustand als Trauma bezeichnet. Traumata spielen eine zentrale Rolle bei der Genese psychischer Erkrankungen.

Wichtig ist vor allem, dass das Werden eines Ereignisses zum Trauma nicht nur vom Ereignis, sondern auch und vor allem vom inneren Erleben, das von diesem Ereignis ausgeht und es auf sich richtet, abhängt. Was für einen Menschen ein Trauma darstellt, ist also eine sehr individuelle Frage.

Traumatisches Erleben ist dabei in der Regel durch ein Gefühl der vollkommenen Hilflosigkeit geprägt. Das wiederum führt zu intensivem Angst- und Stresserleben. In der Folge eines Traumas verändert ein Mensch sich. Kann er das Trauma verarbeiten, wird von posttraumatischem Wachstum gesprochen – das Erleben hat ihn gewissermaßen reifen lassen. Wird das Trauma nicht verarbeitet, kommt es hingegen zu psychischen Erkrankungen, allen voran zur Posttraumatischen Belastungsstörung, aber auch zu Angststörungen oder Depressionen.

Was passiert bei Stress?

Stress ist, sofern er zeitlich klar umgrenzt auftritt, eine sinnvolle Reaktion auf bestimmte äußere Reize. Das Erleben von Stress soll Körper und Geist leistungsfähiger machen und damit zur Bewältigung der Reizsituation führen. Auf körperlicher Ebene kann beim Stress eine vermehrte Ausschüttung bestimmter Hormone sowie die Reduzierung nicht notwendiger Tätigkeit, etwa der Verdauung, beobachtet werden. Der Körper befindet sich in einem Anspannungszustand. Psychisch ist ähnliches zu beobachten: Stress macht kurzzeitig leistungsfähiger.

Wird Stress chronisch, was in der heutigen Zeit häufig der Fall ist, ist er schädlich. Er führt dann sowohl zu körperlichen als auch zu psychischen Problemen. Wird im Alltag von Stress gesprochen, ist damit nicht selten chronischer Stress gemeint.

Wie steht es um die Motivation?

Als Motivation werden die Beweggründe, die hinter einer bestimmten Handlung stehen, bezeichnet. Zu unterscheiden sind intrinsische und extrinsische Motivation. Eine intrinsische Motivation ist eine Motivation, die aus sich selbst entsteht. Extrinsische Motivation hingegen ist eine äußere, die nicht in der Handlung selbst begründet liegt. Veranschaulichen lässt sich das an einem einfachen Beispiel: Wer täglich Sport treibt, weil er es einfach mag, ist intrinsisch motiviert. Wer hingegen täglich Sport treibt, weil er abnehmen will, ist extrinsisch motiviert. Intrinsische Motivation ist in der Regel eine stärkere als extrinsische.

Was ist eine Psychose?

Als Psychose wird ein nicht einheitlich beschriebener Symptomenkomplex aus Halluzinationen, Ich-Störungen, Wahn und das Nicht-Begreifen der Situation, in der der Betroffene sich befindet, gekennzeichnet.

Psychosen treten bei unterschiedlichen körperlichen und psychischen Erkrankungen auf. Es gibt diverse Ursachen für sie. Behandelt wird in erster Linie die Grunderkrankung, in deren Rahmen die Psychose auftritt.

Was ist eine Neurose?

Der Begriff der Neurose ist in der Psychologie und in der Medizin heute nicht mehr üblich. Früher wurden Neurosen den Psychosen gegenübergestellt. Vor allem in der Psychoanalyse nahm der Begriff eine zentrale Rolle ein.

Was sind Emotionen?

Die Emotion wird in der heutigen Psychologie als psychophysiologische Reaktion auf einen Umstand oder ein Ereignis verstanden. Emotionen sind dieser Annahme folgend durch etwas ausgelöst und haben sowohl eine körperliche als auch eine psychische Komponente. Ferner werden Emotionen in der Psychologie als bewusst erlebt, mit einem Verhalten verbunden und hinsichtlich ihrer Dauer klar bestimmbar verstanden.

Was ist die Depression und wodurch ist sie gekennzeichnet?

Bei der Depression handelt es sich um eine der häufigsten psychischen Erkrankungen. Gekennzeichnet ist sie durch eine dauerhafte niedergedrückte Stimmung oder durch das Gefühl der Gefühllosigkeit, durch Antriebsmangel, Interessenverlust und erhöhte Ermüdbarkeit. Weitere Symptome, die häufig auftreten sind Schlafstörungen, stark vermindertes Selbstwertgefühl, Schuldgefühle, Appetitmangel, Libidoverlust, Gefühle von Hoffnungslosigkeit und Hilflosigkeit sowie Suizidgedanken. Zusätzlich treten nicht selten körperliche Symptome auf, die psychisch bedingt sind.

Zur Entstehung der Depression existieren unterschiedlichste Theorien. Diese reichen von der Annahme rein biologischer Entstehungsfaktoren über die Annahme negativer kognitiver Schemata bis hin zur Annahme von Traumata und unbewussten Konflikten als Ursache der Depression. In der Regel wird heute eine mehrdimensionale Entstehung angenommen, die sowohl biologische und soziale als auch genuin psychische Entstehungsfaktoren berücksichtigt.

Behandelt wird die Depression entweder durch Psychotherapie oder mit Psychopharmaka. Auch eine Kombination dieser beiden Behandlungsmittel ist möglich. Daneben kommen auch weitere Maßnahmen, die vor allem Lebensstiländerungen betreffen, begleitend zum Einsatz.

Was ist eine Persönlichkeitsstörung?

Eine Persönlichkeitsstörung wird in der Regel diagnostiziert, wenn die Persönlichkeitseigenschaften eines Menschen dauerhaft weit von der Norm abweichen und Leidensdruck hervorrufen. Eine Persönlichkeitsstörung kann als starres Verhaltens- und Empfindensmuster beschrieben werden, das die Anpassung an unterschiedliche Situationen verhindert und somit unflexible Reaktionen hervorruft. Dieses Verhaltens- und Empfindensmuster ist dabei meist früh in der Entwicklung entstanden und entsprechend tief verwurzelt.

Wodurch ist ADHS gekennzeichnet?

Die Aufmerksamkeitsdefizithyperaktivitätsstörung (kurz: ADHS) ist durch drei Hauptsymptome gekennzeichnet: eine Beeinträchtigung der Aufmerksamkeit, Hyperaktivität und eine Störung der Impulskontrolle. In aller Regel beginnt die Störung früh, meist in den ersten fünf Lebensjahren. Die Symptome treten dabei meist in mehreren Lebensbereichen auf. Erklärt wird die Erkrankung von der heutigen Medizin mit einer Störung neuronaler Regelkreise im Gehirn, die vorwiegend auf die genetische Ausstattung, aber zum Teil auch auf Faktoren der Umwelt (also gemachte Erfahrungen) zurückgeführt werden. Während noch vor gar nicht allzu langer Zeit vor allem auf ein medikamentöses Ruhigstellen gesetzt wurde, kommen heute vermehrt nichtmedikamentöse Interventionen zum Einsatz – beispielsweise eine Verhaltenstherapie. Dennoch werden auch heute noch vielfach Psychopharmaka in der Behandlung eingesetzt.

ADHS stand als Krankheit häufiger im Fokus der Medien. Neben der Kritik an der reinen Medikamentengabe wurde unter anderem darauf hingewiesen, dass möglicherweise zu häufig die Diagnose ADHS gestellt werde – im Sinne einer Pathologisierung unerwünschten Verhaltens.

Wenig bekannt ist die Tatsache, dass ADHS keine reine Kinderkrankheit ist. Auch Erwachsene können an ADHS leiden. Hier äußert die Störung sich vor allem in fehlender Impulskontrolle und kann mitunter zu einem hohen Leidensdruck führen.

Was ist Konditionierung?

Als Konditionierung wird das Lernen durch Reiz-Reaktions-Assoziation bezeichnet. Im Behaviorismus nimmt die Konditionierung eine zentrale Rolle ein. Zu unterscheiden sind die klassische und die operante Konditionierung.

Die klassische Konditionierung ist eine typische Assoziationstheorie: Ein Bewusstseinsinhalt wird mit einem anderen verbunden. Bekannt ist vor allem Pawlows Experiment mit Hunden. Er läutete jedes Mal, wenn er den Hunden Essen gab eine Glocke. Nach einiger Zeit läutete er nur die Glocke, ohne den Hunden Essen zu geben. Dennoch setzte bei ihnen ein vermehrter Speichelfluss ein, was typischerweise in Erwartung von Essen der Fall ist. Sie hatten den Reiz „Glocke" mit dem Reiz „Essen" verbunden.

Die operante Konditionierung setzt hingegen nicht auf das unbewusste Verknüpfen zweier Umweltreize, sondern auf Belohnung und Bestrafung. Ein gezeigtes Verhalten wird entweder belohnt oder bestraft, was seine Auftretenswahrscheinlichkeit beeinflusst. In der Psychologie wird von Verstärkung gesprochen, wenn die Auftretenswahrscheinlichkeit steigt, und von Bestrafung, wenn sie sinkt. Bei der positiven Verstärkung wird in Folge des Verhaltens ein angenehmer Reiz gewährt, bei negativer Verstärkung wird in Folge des Verhaltens ein unangenehmer Reiz entfernt. Bei positiver Bestrafung wird ein unangenehmer Reiz gegen die Person, die das zu bestrafende Verhalten zeigte, gesetzt; bei negativer Bestrafung wird ihr ein angenehmer Reiz entzogen.

Verdeutlichen lässt sich das am besten an Beispielen. Nehmen wir an, Person X hat sein Zimmer aufgeräumt. Dieses Verhalten soll nun verstärkt werden. Hierzu kann entweder ein positiver Verstärker gewählt werden (Xs Eltern geben ihm ein Eis) oder ein negativer Verstärker (Xs Eltern hören auf, X anzuschreien). Nehmen wir nun an, X hat sein Zimmer nicht aufgeräumt. Dieses Verhalten soll bestraft werden. Hierzu kann entweder eine positive Bestrafung (Xs Eltern beginnen, ihn anzuschreien) oder eine negative Bestrafung (Xs Eltern nehmen ihm sein Lieblingsspielzeug weg) gewählt werden.

Was ist Kognitive Dissonanz?

Als Kognitive Dissonanz wird ein als sehr unangenehm erlebter Zustand bezeichnet, der dadurch gekennzeichnet ist, dass zwei (oder mehr) unvereinbare Kognitionen vorhanden sind oder dadurch, dass eine Kognition nicht mit einer Handlung bzw. ihren Folgen vereinbar ist. Beispiele für Kognitive Dissonanz sind etwa der intensive Wunsch, einem verhassten Mitmenschen körperliches Leid zuzufügen und die gleichzeitige Überzeugung, dass es niemals in Ordnung ist, dies zu tun. Diese beiden Kognitionen sind unvereinbar. Ein weiteres Beispiel: X hat die Überzeugung, ein herausragender Sprinter zu sein, verliert in

Wettkämpfen jedoch ständig. Sein tatsächliches Handeln ist nicht mit seiner Kognition zu vereinbaren. Oder: X hat den Wunsch, nicht mehr zu rauchen, tut es aber dennoch. Auch hier liegt Kognitive Dissonanz vor.

Der Mensch neigt in solchen Fällen stark dazu, die Dissonanz zu reduzieren. Hierzu stehen unterschiedliche Mittel zur Verfügung – etwa eine Verhaltensänderung oder eine Überzeugungsänderung. Im ersten Beispiel könnte der eigene intensive Wunsch angesichts der Überzeugung abgewertet und als bloße Phantasiererei bezeichnet werden. Im zweiten Beispiel könnte X sein dauerhaft schlechtes Abschneiden mit den ungünstigen Bedingungen von Wettkampfsituationen erklären und so die Wichtigkeit dieser Wettkämpfe für seine Selbstbewertung senken. Im dritten Fall könnte X seinen Wunsch, nicht mehr zu rauchen, aufgeben und stattdessen seinen Genuss am Rauchen in den Vordergrund stellen. All das dient dazu, die aus der Kognitiven Dissonanz entstehenden Spannungsgefühle zu lindern.

Was ist eigentlich die Persönlichkeit?

In der Psychologie werden meist die beständigen Eigenschaften im Verhalten einer Person als ihre Persönlichkeit bezeichnet. Eine so verstandene Persönlichkeit ist – obwohl die Eigenschaften weitgehend beständig sind – veränderbar. Es ist anzumerken, dass sowohl innerhalb der Psychologie als auch außerhalb der Psychologie (vor allem in der Philosophie) weitere Definitionsvorschläge existieren, die von dem hier dargestellten mitunter abweichen.

Was ist Schizophrenie und wodurch ist sie gekennzeichnet?

Die Schizophrenie ist eine psychische Erkrankung, die sich durch Denkstörungen, Störungen der Aufmerksamkeit, Wahrnehmungsstörungen, Ich-Störungen, Störungen der Gefühle und des Antriebs und Koordinationsstörungen gekennzeichnet ist.

Das Denken Betroffener ist häufig zerfahren – sie denken zusammenhanglos und nicht nach den Regeln der Logik; Gedankengänge brechen unvermittelt ab, ein roter Faden ist kaum erkennbar. Ferner leiden viele Betroffene unter Wahnvorstellungen. Sie fühlen sich etwa bedroht, befürchten Gedankenentzug oder fühlen sich beobachtet. Auch das Gefühl, Gedanken von außen eingegeben zu bekommen, ist kennzeichnend für eine Schizophrenie. Sie sind nicht in der Lage, die Situation um sich herum angemessen (d.h.: der Norm entsprechend) einzuschätzen. Zu den Symptomen gehören außerdem Halluzinationen. Betroffene nehmen Dinge wahr, die andere Menschen nicht wahrnehmen. Körperlich sind vor allem Bewegungsstörungen kennzeichnend – Patienten erstarren etwa mitten im Bewegungsablauf, wiederholen bestimmte Bewegungen ständig, bewegen sich übermäßig oder kaum. Kennzeichnend für die Schizophrenie ist zudem eine fehlende Krankheitseinsicht. Die Betroffenen erleben ihr Verhalten nicht als anormal oder untypisch.

Der eigentlichen Schizophrenie geht in der Regel eine mehrjährige Phase voraus, in der die Symptome nicht vollständig entwickelt sind. Mit einer gespaltenen Persönlichkeit hat die Schizophrenie anders als vielfach angenommen nichts zu tun. Eine solche ist bei dissoziativer Identitätsstörung gegeben, nicht jedoch bei der Schizophrenie. Der Grund dieses Missverständnisses liegt vermutlich im Begriff der Schizophrenie, die aus dem Altgriechischen stammt und übersetzt etwa „gespaltener Geist" bedeutet.

Hinsichtlich der Ursachen einer Schizophrenie existieren unterschiedliche Theorien. Heute am weitesten verbreitet ist das sog. Vulnerabilitäts-Stress-Modell. Dieses Modell geht vom Zusammenspiel mehrere Faktoren aus: Demnach müssen eine biologische Prädisposition gegeben sein und eine bestimmte Belastungsgrenze im Leben des Individuums überschritten werden. Diese Belastungsgrenze kann sowohl durch traumatische Erlebnisse als auch durch anderweitigen extremen Stress oder Drogenkonsum überschritten werden, woraufhin es zur Ausbildung einer Schizophrenie kommt.

Was ist das Unbewusste?

Siehe „Tiefenpsychologie".

Was ist Verdrängung?

Siehe „Tiefenpsychologie".

Was versteht man unter Projektion?

Als Projektion wird in der Psychoanalyse bzw. allgemein in der Tiefenpsychologie ein Abwehrmechanismus verstanden, bei dem eigene Empfindungen, Wünsche, Eigenschaften, Impulse oder Affekte nicht bei sich selbst, sondern bei anderen wahrgenommen werden. Durch Projektion wird verhindert, sich mit diesen eigenen Inhalten, die im Widerspruch mit dem Selbstbild oder mit gesellschaftlichen Konventionen stehen, bei sich selbst auseinandersetzen zu müssen. Der Projektion liegt also ein Konflikt zwischen dem ausgelagerten Inhalt und dem Selbstbild oder zwischen dem ausgelagerten Inhalt und gesellschaftlichen Konventionen oder eigenen Werten zugrunde.

Was versteht man unter Selbstaktualisierung?

Als Selbstaktualisierung wird das Streben nach Autonomie, Selbstständigkeit und Selbstverwirklichung verstanden. Selbstaktualisierung ist ein zentrales Thema der Humanistischen Psychologie und wird in ihr als grundlegendes Handlungsmotiv des Menschen verstanden.

RELIGION

und diesbezüglich relevante Grundbegriffe der Philosophie

Woran glaubt der Atheismus?

Atheisten glauben an die Nichtexistenz eines Gottes.

Was besagt der Agnostizismus?

Der Agnostizismus besagt im Kontext der Religion, dass die Erkenntnis eines Gottes, eines absoluten Prinzips oder irgendeines anderen Transzendenten nicht möglich ist und wir somit nicht wissen können, ob etwas Derartiges existiert oder nicht.

Was lehrt das Judentum?

Die heilige Schrift des Judentums ist die Tora, die Teil des Tanachs ist. Der Tanach ist identisch mit dem Alten Testament des Christentums, die Tora umfasst die fünf Bücher Mose. Der jüdische Glauben basiert auf der Annahme eines einzigen Gottes, der als Schöpfer der Welt verstanden wird und nach wie vor aktiv in der Welt handelt. Die Tora selbst wird als von Gott am Berg Sinai an Mose übergeben verstanden. Es handelt sich im jüdischen Verständnis bei den fünf Büchern Mose um Gottes Wort. Im Rahmen der Interpretation dieser Schriften wurden und werden allgemeine Lebens- und Verhaltensregeln gewonnen, die, da die Schriften direkt von Gott stammen, zu befolgen sind.

Das Judentum ist die älteste der drei abrahamitischen Religionen. Sowohl das Christentum als auch der Islam sind aus dem Judentum hervorgegangen und beziehen sich auf den Gott Israels.

Was lehrt das Christentum?

Das Christentum teilt mit dem Judentum das Alte Testament. Es ist als Religion aus dem Judentum hervorgegangen und unterscheidet sich vor allem in einem wesentlichen Punkt in ihm, aus dem Weitreichendes folgt: Es glaubt daran, dass Jesus Christus als Sohn Gottes und gleichzeitig als er selbst zu den Menschen gekommen und für die Sünden der Menschheit gestorben ist und ihnen damit das sog. ewige Leben, das ihnen in Folge des Sündenfalls zunächst genommen worden war, ermöglicht hat. Verkündet wird diese Botschaft im Neuen Testament. Dementsprechend glaubt das Christentum an ein *Leben nach dem Tod*. Die genaue Ausgestaltung und die Bedingungen dieses sog. ewigen Lebens werden in verschiedenen Strömungen des Christentums unterschiedlich bewertet. Zentral für das Christentum ist ferner die Dreieinigkeitslehre: Der eine Gott des Christentums, der der Gott Israels ist, verkörpert sich demnach im Vater, in seinem Sohn Jesus Christus, der damit Mensch und Gott ist, sowie im Heiligen Geist.

Was lehrt der Islam?

Heilige Schrift des Islams ist der Koran, welcher als dem Propheten Mohammed durch Gott offenbart gilt. Darüber hinaus nimmt die Hadithe eine wichtige Rolle ein, sie gilt als Sammlung der Lehre Mohammeds sowie der von ihm geduldeten Lehren. Mohammed nimmt damit eine zentrale Rolle ein – er wird als Mensch verstanden, dem Gott seinen Willen offenbare. Als Gründer des Islam wird im Koran jedoch nicht Mohammed, sondern bereits Abraham benannt. Der Islam zählt damit zu den abrahamitischen Religionen und der Gott des Islam, der als Allah bezeichnet wird, kann mit dem Gott Israels identifiziert werden.

Der Islam gründet sich auf fünf Säulen, die erfüllt werden müssen: Das islamische Glaubensbekenntnis, das Pflichtgebet, die Almosengabe, das Fasten im Ramadan und die Pilgerfahrt nach Mekka. Die Gesamtheit der religiösen Normen und Regeln des Islam wird als Scharia bezeichnet und leitet sich direkt aus dem Koran und der Hadithe ab.

Was lehrt der Hinduismus?

Den Hinduismus gibt es nicht. Es handelt sich bei dieser Bezeichnung vielmehr um einen Sammelbegriff, der stark westlich geprägt ist und von den Menschen, die aus westlicher Perspektive als Hindus bezeichnet werden, nicht in der Selbstzuschreibung verwendet wird. Unter dem Begriff des Hinduismus werden zahlreiche verschiedene Religionen bezeichnet, die sich in einigen Punkten ähneln. In diesem Überblicksartikel sollen nur die grundlegenden Gemeinsamkeiten dargelegt werden.

Den allermeisten hinduistischen Religionen ist die Berufung auf die Veden, eine Schriftsammlung, gemein. Den Veden wird je nach Religion stärkere oder schwächere Autorität zuerkannt.

Ferner ist der Glaube an Brahman den hinduistischen Religionen gemein. Brahman wird dabei entweder als ideelles Grundprinzip und Ursache der Welt oder als höchste Gottheit verstanden. In jedem Falle ist Brahman etwas, das nicht materiell und nicht greifbar ist, jedoch in allem steckt, Ursache und Grundlage von allem ist. Brahman existiert dabei ewig – d.h.: herausgehoben aus dem Konzept der Zeit, ohne Anfang und ohne Ende. Hier lassen sich zwei weitere Grundrichtungen unterscheiden: Eine Richtung glaubt an die Nicht-Zweiheit, was bedeutet, dass der Wesenskern, der in allen Dingen und Wesen steckt und Atman heißt, mit Brahman identisch ist, dass im Grunde also Brahman alles ist, was existiert. Die andere Richtung glaubt an die Zweiheit, also an die Nicht-Identität von Brahman und Atman. Die Lehre der Nicht-Zweiheit (Advaita) ist jedoch weiter verbreitet. Sie ist generell der heute am weitesten verbreiteten Strömungen bzw. Religion des Hinduismus.

Weiterer Kernpunkt der hinduistischen Religionen ist der Glaube an Samsara, den Kreislauf von Leben und Tod, der gleichzeitig ein Kreislauf des Leidens ist. Mit ihm ist im Hinduismus die Reinkarnation verbunden. Leben wird im Hinduismus als grundsätzlich leidvoll verstanden. Ziel ist daher die Überwindung des Leidens, die Erlösung, die Moksha heißt. Der Weg zum Erlangen von Moksha ist dabei ebenso wie das Wesen von Moksha je nach Religion und Strömung verschieden. In der Advaita-Religion besteht Moksha darin, dass die Einheit von Brahman und Atman und damit die Tatsache, dass Brahman alles und alles Brahman ist, erkannt wird, woraufhin Atman ganz Brahman ist und die Maya, die Täuschung über das Wesen der Welt, die für das Leiden sorgt, erlischt. Vor der Erlösung steht in allen hinduistischen Religionen jedoch Samsara mit den verschiedenen Inkarnationen. Nach dem Tod gelangt der Wesenskern also in eine neue Verkörperung. Über die Art der Verkörperung entscheidet dabei den allermeisten hinduistischen Religionen zufolge das Karma, das im Leben der vorherigen Inkarnation gesammelt wurde.

Unterschiedlichste hinduistische Religionen kennen unterschiedlichste Gottheiten, deren Rollen und Funktionen sich stark unterscheiden. Trotz der Göttervielfalt müssen die hinduistischen Religionen keineswegs zwangsläufig als polytheistisch angesehen werden: Manche führen alle Gottheiten auf einen einzigen zurück, andere kennen gar keinen personalen Gott.

Was lehrt der Buddhismus?

Der Buddhismus, der sich selbst wiederum in unterschiedliche Richtungen spaltet, ist als Abspaltung aus dem Hinduismus entstanden. Größter Unterschied zum Hinduismus ist die Anatman-Lehre: Der Buddhismus hält den Glauben an ein konsistentes Selbst und an einen Wesenskern für eine Täuschung und geht vielmehr davon aus, dass alles bestimmten Bedingungen unterliegt und sich beständig wandelt. Daraus folgen einige weitere bedeutende Unterschiede zum Hinduismus.

Grundlage des buddhistischen Glaubens sind die vier edlen Wahrheiten: Leben bedeutet Leiden; Leiden entsteht durch Gier, Hass, Verblendung und Anhaftung; die Überwindung des Leidens ist möglich; der Weg zur Überwindung des Leidens ist der edle achtfache Pfad. Der edle achtfache Pfad wiederum teilt sich in drei große Gruppen – in das Verstehen der buddhistischen Lehre, in das Verstehen und Ausüben der ethischen Grundlagen der Lehre sowie in das geistige Training durch Meditation und Achtsamkeit.

Auch im Buddhismus ist Samsara als Kreislauf des Lebens bekannt. Hier steht Samsara jedoch in enger Verbindung mit dem sog. Bedingten Entstehen. Da es im Buddhismus keinen Wesenskern und kein konsistentes Selbst gibt, kann es auch keine Wiedergeburt dieses Wesenskerns geben. Reinkarnationen im eigentlichen Sinne gibt es im Buddhismus anders als vielfach angenommen und anders als im Hinduismus also nicht. Samsara ist im Buddhismus vielmehr so zu verstehen: Samsara ist der Kreislauf von leidvollem Leben und Tod. In seinem Leben erzeugt der Mensch karmische Impulse, indem er handelt. Diese karmischen Impulse wiederum halten Samsara am Laufen, führen also zu weiterem Leiden und zu weiteren Existenzen, die Samsara durchlaufen müssen. Die Handlungen des Einzelnen bedingen also weiteres Leiden und weiteres Leben – dieses vom Einzelnen ausgehende bedingte Entstehen ist das, was als Reinkarnationsglaube bezeichnet wird; es ist also bloß ein vom Einzelnen ausgehender Impuls, der etwas anderes bedingt, ohne, dass etwas fortexistieren oder weitergegeben werden würde.

Ziel ist es, aus dem Kreislauf des bedingten Entstehens auszubrechen, also kein weiteres Leiden zu bedingen, Samsara zu entkommen. Dieser Zustand der Erlösung wird Nirvana genannt. Wer Einsicht in das Wesen der Welt erlangt und damit die Illusion, ein Ich zu sein, fallen gelassen hat, wozu auch die meditativen Praktiken des Buddhismus nötig sind, und darüber hinaus entsprechend der aus der buddhistischen Lehre folgenden Ethik handelt, erzeugt keine karmischen Impulse, die weiteres Leiden bedingen, und erlangt damit den Zustand des Nirvana. Wer Nirvana erlangt hat und später stirbt, verlöscht damit vollkommen, was wiederum bedeutet, dass von ihm kein in der Welt bleibender und Leiden erzeugender Impuls erzeugt. „Nirvana" bedeutet übersetzt „Verlöschen".

Die Handlungen, die karmische Impulse erzeugen, die Samsara am Laufen halten, werden als die zwölf Glieder des Bedingten Entstehens beschrieben. Es handelt sich bei ihnen um Nichtwissen, Tatabsichten, Bewusstsein, Geistigkeit und Körperlichkeit, die Sinne, Kontakt, Empfindung, Begehren, Anhaften, gewohnheitsmäßiges Handeln, Geburt, Alter/Tod/Schmerzen/Klagen.

Was ist die Eschatologie?

Die Eschatologie widmet sich den letzten Dingen der Religion, also der Vollendung des Einzelnen und der gesamten Schöpfung. Sinnvoll zu verwenden ist der Begriff nur im Kontext der drei abrahamitischen Religionen, die ihre jeweils eigenen Eschatologien haben, die sich grundsätzlich voneinander unterscheiden. Kernthemen der christlichen Eschatologie sind die sog. Vier letzten Dinge: Tod, Gericht, Himmel und Hölle.

Was wird an Weihnachten gefeiert?

Das Christentum feiert an Weihnachten die Geburt von Jesus Christus, der Gottes Sohn und zugleich Inkarnation Gottes ist.

Was wird an Ostern gefeiert?

Das Christentum feiert an Ostern die Auferstehung von Jesus Christus, der zum Tode verurteilt und gestorben ist. Im christlichen Verständnis ist er für die Sünde der Menschheit gestorben, wodurch trotz der Erbsünde eine Versöhnung mit Gott möglich wird. Die drei Tage nach seiner Kreuzigung stattgefundene Auferstehung ist das zentrale Element des christlichen Glaubens, da in ihr Jesus' Rolle als Sohn Gottes bezeugt wird, womit gleichzeitig die heilsgeschichtliche Bedeutung seines Todes als Tod für die Vergebung der Sünde der Menschheit begründet wird. In seiner Auferstehung liegt die grundsätzliche Möglichkeit der Auferstehung der Menschen zum Ewigen Leben begründet: Ebenso wie Jesus, der sowohl ganz Gott als auch ganz Mensch ist, auferstanden ist, kann der einzelne Mensch auferstehen und ewiges Leben erlangen. Wer das ewige Leben erlangen kann und welche Voraussetzungen bestehen, ist zwischen den unterschiedlichen christlichen Strömungen umstritten.

Was wird an Pfingsten gefeiert?

Das Christentum feiert an Pfingsten die Aussendung des Heiligen Geiste, der auf die Jünger Jesu niederkam, die nach dem Empfang des Heiligen Geistes in ihnen fremden Sprachen zu sprechen begannen, sodass alle Umstehenden sie verstanden. Der Empfang des Heiligen Geistes wird als Begründung einer besonderen Beziehung zu Gott verstanden, womit Pfingsten im Grunde die Geburtsstunde der Kirche markiert. Gefeiert wird das Pfingstfest 50 Tage nach Ostern.

Was sind die abrahamitische Religionen?

Die abrahamitischen Religionen sind die Religionen, die sich auf Abraham als Religionsbegründer berufen – das Judentum, das Christentum und der Islam.

Was ist Genesis?

Genesis ist das erste Buch der Bibel und enthält unter anderem die Geschichte der Schöpfung, des Sündenfalls, der Sintflut und des Turmbaus zu Babel. Das Buch Genesis wird auch als *Erstes Buch Mose* bezeichnet.

Was beschreibt der Sündenfall?

Der Sündenfall wird im Buch Genesis erzählt und ist zentral für das Menschenbild des Christentums. Adam und Eva, die beiden ersten Menschen, leben im Garten Eden. Eine dort befindliche Schlange bringt Eva dazu, entgegen der Anweisung Gottes vom Baum der Erkenntnis von Gut und Böse zu essen. Auch Adam isst von der Frucht, die Eva ihm reicht. Mit dem Essen vom Baum der Erkenntnis ist das Erlangen von moralischem Wissen verbunden. Die Menschen verfügen damit fortan über ein Wissen, das eigentlich nur Gott zusteht. Als Strafe für den Verstoß gegen die Anweisung Gottes werden Adam und Eva und mit ihnen all ihre Nachkommen verflucht – sie werden aus dem Paradies vertrieben und müssen fortan ein qualvolles Leben führen.

Mit dieser Strafe ist ein grundsätzliches Schuldigsein des Menschen verbunden: Dadurch, dass er Mensch ist, trägt er die Schuld der Erbsünde. Erst mit Jesus' Tod am Kreuz, der als Tod für die Sünden der Menschheit verstanden wird, wird eine Versöhnung mit Gott möglich – die generelle Schuldhaftigkeit wird dem Menschen damit jedoch nicht genommen.

Was bedeutet die Seele?

Der Begriff der Seele ist äußerst abstrakt und schwer zu fassen. Bereits seit Anbeginn der philosophischen Überlieferung werden Theorien über die Existenz und das Wesen der Seele aufgestellt. Zentral ist das Konzept der Seele in unterschiedlichen Religionen, wo sie meist als vom Körper getrennte rein geistige Entität und als eigentliches Wesen des Individuums verstanden wird. Die Vorstellungen von der Seele haben sich dabei im Laufe der Zeit auch innerhalb der Religionen teilweise massiv gewandelt.

Was bedeutet die Theodizee?

Die sog. Theodizeefrage ist die Frage nach der Verbindbarkeit eines allmächtigen, guten Gottes mit dem Leiden in der Welt: Warum lässt ein allmächtiger und guter Gott Leiden zu, wenn er doch die Macht hat, es zu verhindern, und zugleich gut ist? Im Laufe der Zeit wurden unterschiedlichste Antwortmöglichkeiten auf diese bis heute diskutierte Frage entworfen.

Was bedeutet die Reformation?

s. unter „Geschichte".

Was bedeutet Freier Wille?

Als *freier Wille* wird die Eigenschaft bezeichnet, selbstbestimmt und frei denken, entscheiden und handeln zu können. Dem freien Willen steht das Konzept des Determinismus gegenüber. Die Frage, ob der Mensch über einen freien Willen verfügt, ist eine der wohl ältesten der Philosophie. Ihre Brisanz erschließt sich dabei schnell: Entscheiden wir wirklich selbst über uns oder ist unser Denken und Handeln vorherbestimmt? Sind wir für unser Tun verantwortlich oder nicht?

Was beschreibt der Determinismus?

Der Determinismus vertritt die Auffassung, alles was geschehe, sei kausal vorherbestimmt. Hierbei lassen sich unterschiedlichste Arten des Determinismus ausmachen, die mal härter mal weicher sind. So gibt es etwa den biologischen Determinismus, der besagt, dass alle Lebewesen biologisch determiniert, d.h. durch biologische Faktoren in ihrem Denken und Verhalten vorherbestimmt, sind. Eine bestimmte biologische Ausstattung bedingt also ein bestimmtes Verhalten.

Es gibt aber etwa auch einen theologischen Determinismus, welchem zufolge Gott das Weltgeschehen vorherbestimmt hat. Gott ist hierbei die Ursache, sodass auch hier Kausalität vorliegt. Daneben gibt es auch geschichtsdeterministische Auffassungen: Bestimmte geschichtliche Entwicklungen ziehen demnach zwangsläufig bestimmte andere nach sich.

Abzugrenzen ist der Determinismus vom Fatalismus, bei dem das Weltgeschehen auch vorherbestimmt ist, jedoch nicht kausal, sondern willkürlich. Sowohl Determinismus als auch Fatalismus sind nur schwer mit dem Konzept eines freien Willens vereinbar.

Was ist der Idealismus?

Der Idealismus ist eine philosophische Position, der zufolge keine geistunabhängige Außenwelt existiert. Die Welt wird entweder als grundsätzlich geistig (ideell) beschaffen verstanden oder als nicht außerhalb des Bewusstseins existent aufgefasst. Hierbei wird der Begriff des Geists in einem weiten Sinne verstanden: Nicht nur menschlicher Geist, der auch Bewusstsein genannt werden kann, sondern alles Nicht-Materielle ist als geistig aufzufassen.

Innerhalb des Idealismus werden dabei ganz unterschiedliche Positionen vertreten. Beispiele für idealistische Positionen sind etwa folgende:

a. Alles, was erlebt wird, existiert nur im Bewusstsein des Subjekts.

b. Ohne wahrnehmendes Subjekt gäbe es keine Objekte.

c. Allem, was ist, liegt ein ideelles Prinzip zugrunde, auf das alles reduziert werden kann. Die verschiedenartigen Erscheinungen sind bloße Täuschung. (vgl. „Hinduismus")

d. Alle Dinge, die sind, sind Abbilder von nicht-materiellen Ideen, die als objektive Entitäten zu verstehen sind.

e. Die Dinge, auf die wir uns beziehen, existieren so nur in unserem Bewusstsein, gehen aber (möglicherweise) auf unabhängig von uns existierende Dinge an sich zurück. (Kritischer Idealismus; im metaphysischen Sinne bereits eine realistische Position)

Vom Idealismus werden Realismus (es gibt eine geistunabhängige Welt) und Materialismus (Realismus und alles basiert auf Materie) unterschieden. Die Unterscheidung zwischen Idealismus und Realismus ist dabei eine idealtypische, einige Theorien sind in einem Grenzbereich angesiedelt und nur schwer eindeutig einer Position zuzuordnen. Als Beispiel kann hier die hinduistische Brahman-Atman-Lehre im Kontext der Lehre der Nicht-Zweiheit (s. „Hinduismus") genannt werden: Brahman ist ein geistiges Prinzip und liegt der Welt zugrunde. Atman, der innere Wesenskern, der in allem steckt, ist identisch mit Brahman. Die verschiedenartigen Erscheinungen der Dinge sind die Maya, eine bloße Täuschung. Im Grunde ist Brahman also alles, was ist. Die Welt ist damit eindeutig geistig beschaffen, womit ein klarer Idealismus vorliegt. Gleichzeitig wird sie als objektiv (sie ist nicht von der Erkenntnisleistung oder vom Denken eines Subjekts abhängig) und erkennbar verstanden, was klare Hinweise auf einen

Realismus sind. Eine solche Position wird heute klassischerweise dem Idealismus zugeordnet und als *objektiver Idealismus* bezeichnet. Tatsächlich liegen bei objektiven Idealismen auch realistische Elemente vor, was belegt, dass die Unterscheidung zwischen Idealismus und Realismus nicht immer trennscharf ist.

Was ist der Realismus?

Der Realismus ist eine philosophische Position, der zufolge unabhängige objektive Entitäten existieren, die auf uns einwirken und auf die wir uns beziehen – er besagt also, dass es eine unabhängige objektive Welt, eine Realität, gibt. Die innerhalb des Realismus vertretenen Positionen können dabei ganz unterschiedlich ausfallen. Wichtig ist auch, dass es unterschiedliche Realismen gibt: Bezieht der Realismus sich ganz grundsätzlich auf eine unabhängig vom Subjekt existierende Realität, wird von metaphysischem Realismus gesprochen. Dieser metaphysische Realismus ist Voraussetzung aller anderen Realismen. Wird diese angenommene objektiv existierende Realität für erkennbar gehalten, liegt ein erkenntnistheoretischer Realismus vor. Weiterhin gibt es auch einen ethischen Realismus (moralische Werte existieren unabhängig von unserer Bewertung), einen semantischen Realismus (mit Sprache beziehen wir uns auf eine objektive Außenwelt, sodass Aussagen eindeutig wahr oder falsch sein können) und einen wissenschaftlichen Realismus (die Einzelwissenschaften können zu sicherem Wissen über eine objektive Welt gelangen). Beispiele für realistische Positionen sind etwa folgende:

a. Es gibt eine objektive Realität, die exakt so beschaffen ist, wie wir sie wahrnehmen. (Naiver Realismus)

b. Es gibt zwar eine objektive Realität, wir haben aber keinen direkten Zugang zu ihr, sondern müssen mittels eines Bewusstseinsakts auf sie zugreifen.

c. Es gibt eine objektive Realität, die teilweise der menschlichen Wahrnehmung entspricht. Es ist aber nicht erkennbar, inwieweit unsere Wahrnehmung von ihr aufgrund der

Einwirkungen unseres Sinnes- und Verstandesapparats von ihr entfernt ist. (Kritischer Realismus)

Dem Realismus (es gibt eine objektive Welt) wird der Idealismus (es gibt keine geistunabhängige Welt) gegenübergestellt. Diese Unterscheidung ist – wie schnell ersichtlich wird – eine idealtypische. Häufig lassen sich Theorien nicht eindeutig dem Realismus oder dem Idealismus zuordnen und weisen Elemente beider Positionen auf.

Was ist der Materialismus?

Beim Materialismus handelt es sich um eine ontologisch-metaphysische Haltung, die die Welt als ihrem Wesen nach materiell, also als aus Materie bestehend, begreift. Alles, was ist, wird auf Materie zurückgeführt – auch nicht-materielle Gegebenheiten, beispielsweise ein Bewusstsein, werden als auf Materie beruhend verstanden. Der Materialismus ist damit zwingend eine realistische (mehr unter „Realismus") Position – es wird davon ausgegangen, dass es eine vom Geist, Bewusstsein oder Ideen unabhängige Welt gibt, die eben aus Materie besteht. Der Materialismus wird in den Naturwissenschaften häufig aber nicht zwingend vertreten. Naturwissenschaften lassen sich auch bei Ablehnung des Materialismus sinnvoll betreiben – etwa wenn die empirische Welt als materiell, aber auf Ideelem beruhend (etwa als von Gott geschaffen oder als materielles Abbild von Ideen etc.) verstanden wird.

Was beschreibt der Nihilismus?

Der Nihilismus ist eine philosophische Strömung, die im Grunde alles Objektive negiert: Die Möglichkeit von Erkenntnis und damit auch das Erkennen objektiver Werte, objektiven Sinns und objektiver Wahrheit, wird verneint. Das führt dazu, dass im praktischen Leben nichts objektive Gültigkeit haben kann. Auf die Frage, ob Objektives nicht existiert oder nur nicht erkannt werden kann, antworten verschiedene Strömungen des Nihilismus unterschiedlich – der Nihilismus kann also in verschiedenen Abstufungen von radikal bis moderat vertreten werden. In der Praxis führt beides jedoch zur gleichen Konsequenz, nämlich zum Nichtvorhandensein objektiven Sinns, objektiver Wahrheit, objektiver Werte usw. usf.

Die Erfahrung des Nihilismus ist Ausgangspunkt der Existenzphilosophie, die sich dem einzelnen existierenden Individuum in seinem Lebensvollzug und seiner Individualität zu- und von der Ausrichtung auf objektive Erkenntnis und Absolutes, die ausgehend vom Nihilismus immer zum Scheitern verurteilt ist, abwendet.

Was bedeutet Ethik?

Die Ethik befasst sich, mit Kant gesprochen, mit der Frage „Was soll ich tun?". Sie fragt sowohl nach dem *guten Leben* als auch nach dem *guten und richtigen Handeln*. Die Ethik ist eine Teildisziplin der Praktischen Philosophie.

Was ist die Erkenntnistheorie?

Die Erkenntnistheorie fragt nach den Möglichkeiten und Bedingungen von Erkenntnis. Sie befasst sich also mit der Frage „Was kann ich wissen?". Die Erkenntnistheorie ist eine Teildisziplin der Theoretischen Philosophie.

Was ist der Skeptizismus?

Der Skeptizismus ist ein Zweifel an jeder Erkenntnismöglichkeit. Er stellt jegliches Wissen, jegliche Erkenntnis infrage. Eine radikale Form des Skeptizismus ist der Nihilismus. Das Gegenteil des Skeptizismus ist der Dogmatismus.

Was bedeutet Dogmatismus?

Ein Dogma ist eine für normativ, allgemeingültig und unumstößlich gehaltene Aussage, die einen absoluten Wahrheitsanspruch erhebt und an der unter allen Umständen festgehalten wird. Der Begriff des Dogmatismus wird in der Regel abwertend gebraucht. Eine Ausnahme stellt hierbei die christliche Theologie dar, die ihre Lehrmeinungen wertneutral als Dogmen bezeichnet und in der Dogmatik behandelt.

Was ist die Metaphysik?

Die Metaphysik fragt, metaphorisch und mit Goethe gesprochen, danach, was die Welt im Innersten zusammenhält. Sie fragt also nach den Grundstrukturen der Welt und den Dingen in ihr; danach, welche Prinzipien in ihr wirken, ob es in und hinter ihr einen Sinn gibt usw. Sie befasst sich also mit Letztfragen, die sich nicht auf die empirische Welt beziehen und somit auch nicht empirisch zu beantworten sind. Sie richtet sich vielmehr auf die fundamentalsten Strukturen des Seins.

Die Metaphysik ist aufgrund ihrer Ausrichtung auf die Ursachen und Gründe des Seins, auf die damit zusammenhängenden zentralsten Grundfragen, die zentrale Disziplin der Philosophie.

Was bedeutet Leib-Seele-Problem/ Körper-Geist-Problem?

Das Leib-Seele- oder Körper-Geist-Problem fragt nach dem Verhältnis von Körper und Seele bzw. von Körper und Geist, wobei Geist hier vor allem die Bewusstseinstätigkeit meint. Antworten auf dieses Problem lassen sich in drei Kategorien einteilen: Geist ist durch Materie bedingt und auf sie zurückführbar (Materialistischer Monismus), der Körper ist durch den Geist bedingt und auf ihn zurückführbar (Idealistischer Monismus), Körper und Geist existieren in zwei unterschiedlichen Sphären und stehen entweder in irgendeiner Verbindung zueinander oder handeln ohne Verbindung zueinander parallel (Dualismus).

Was bedeutet Immanenz?

Alles, was Teil der empirischen Welt ist, wird als immanent bezeichnet. Der Begriff der Immanenz kann selbstverständlich auch ausgeweitet werden: Alles, was in einem Ding X ist, ist ihm immanent.

Was ist Transzendenz?

Alles, was nicht Teil der empirischen Welt ist, wird als transzendent bezeichnet. Der Begriff der Transzendenz kann selbstverständlich auch ausgeweitet werden: Alles, was nicht in einem Ding X ist, ist ihm transzendent.

Numerus

Der Numerus gibt Aufschluss darüber, ob nur eine Person/ ein Gegenstand oder mehrere gemeint ist/sind. Man unterscheidet Singular (Einzahl) und Plural (Mehrzahl).

Kasus

Der Kasus ist der Fall, in dem ein Substantiv oder Adjektiv steht. Er gibt Aufschluss über die Rolle sowie die Abhängigkeiten des Worts, das in ihm steht.

- Nominativ

  Der Nominativ ist der erste Kasus. Er bezeichnet das handelnde Subjekt. Nach ihm wird mit „Wer oder was?" gefragt. Im Satz „Klaus isst Brot." steht Klaus als handelndes Subjekt im Nominativ. Wer isst Brot? Klaus.

- Genitiv

  Der Genitiv ist der zweite Fall und beantwortet die Frage „Wessen?". Im Satz „Klaus isst wegen seines Hungers Brot." steht die Konstruktion „seines Hungers" im Genitiv: Wessentwegen isst Klaus Brot? Wegen seines Hungers.

- Dativ

  Der Dativ ist der dritte Fall und beantwortet die Frage „Wem oder was?". Im Satz „Klaus schlägt Hans ins Gesicht." steht Hans im Dativ. Wem schlägt Klaus ins Gesicht? Hans.

- Akkusativ

  Der Akkusativ ist der vierte Fall und beantwortet die Frage „Wen oder was?". Im Satz „Klaus schlägt Hans." steht Hans im Akkusativ. Wen schlägt Klaus? Hans.

Genus

Das Genus ist das grammatikalische Geschlecht eines Worts. Ein Wort kann maskulin, feminin oder neutral sein. Die Genera sind demnach Maskulinum, Femininum und Neutrum. Der Baum ist ein Maskulinum, die Wiese eine Femininum und das Mädchen ein Neutrum.

Konjugation

Die Konjugation bezeichnet die Flexion (Beugung) eines Verbs, also das Anpassen des Verbs an die Person – „handle" ist beispielsweise ebenso eine konjugierte Form des Verbes „handeln" wie „handelte" oder „handelt".

Deklination

Die Deklination bezeichnet die Flexion (Beugung) eines Substantivs oder eines Adjektivs, also das Anpassen des Substantivs oder Adjektivs an den Kasus – „Baums" ist beispielsweise ebenso eine deklinierte Form des Substantivs „Baum" wie „Baume", wenngleich letztere Form, die Dativform, als veraltet gilt und heute in der Regel durch die Alternativform „Baum" ersetzt wird.

Substantiv

Ein Substantiv wird auch als Nomen, schulgrammatisch teilweise auch als Haupt- oder Namenwort, bezeichnet. Ein Substantiv bezeichnet ein Ding, ein Lebewesen, einen Sachverhalt oder ähnliches.

Verb

Ein Verb wird in der einfachen Schulgrammatik auch als Tätigkeitswort („Tuwort") bezeichnet. Es drückt eine Tätigkeit, ein Geschehen, eine Handlung oder einen Zustand („sein") aus.

Adjektiv

Ein Adjektiv ist ein Wort, das ein Substantiv näher beschreibt. Adjektive werden flektiert.

Adverb

Ein Adverb ist ein Wort, das häufig ein Verb, teilweise aber auch andere Satzteile näher beschreibt. Adverbien sind nicht flektierbar, können also nicht verändert werden.

Artikel

Ein Artikel tritt als flektierter Begleiter eines Substantivs auf und stimmt mit diesem in Kasus, Numerus und Genus ein. Er dient der näheren Bestimmung des Substantivs. Die bestimmten Begleiter sind „der", „die" und „das" sowie „dieser", „diese", „dieses" und „jener", „jene", „jenes", die unbestimmten „ein", „eine" und „eines".

Pronomen

Ein Pronomen ist ein Wort, das für ein Substantiv (auch „Nomen" genannt) stehen kann. Diese Funktion ist auch eindeutig im Namen wiedergegeben – „Pronomen" bedeutet „für (ein) Nomen". Ferner kann ein Pronomen auch mit einem Substantiv stehen – dann tritt es als besitzanzeigendes Pronomen auf. Beispiele für Pronomen sind „ich", „du", „er", „sie" usw. aber auch „sein", „mein", „dein", „ihr", „unser" usw.

Numeral

Ein Numeral ist ein Zahlwort. Als solches wird es grundsätzlich kleingeschrieben. Im Satz „Ich habe fünf Birnen gegessen" ist das Wort „fünf" ein Numeral. Numerale bis einschließlich „zwanzig" werden ausgeschrieben, alle anderen werden in Ziffern gesetzt – im Satz „Ich habe 743 Birnen gegessen" stehen also Ziffern.

Präposition

Präpositionen sind Wörter, die im Deutschen entweder mit einer Substantivgruppe, mit einem Pronomen oder mit einem Adverbum stehen. Sie können unterschiedliche Funktionen übernehmen. So haben sie etwa eine lokale, temporale, modale, kausale oder konzessive Bedeutung oder dienen schlicht der grammatikalischen Markierung. Präpositionen weisen dem Substantiv, das mit ihnen steht, häufig einen bestimmten Kasus zu. In diesem Falle wird davon gesprochen, dass die jeweilige Präposition den Kasus regiert. Als Beispiel sei hier die Präposition „wegen" erwähnt: „Wegen" steht zwangsläufig mit Genitiv, weshalb in der Linguistik davon gesprochen wird, dass „wegen" den Genitiv regiert.

Konjunktion

Eine Konjunktion ist ein Bindewort. Die wohl beliebteste Konjunktion ist „und".

Tempus

Das Tempus ist die Zeitform, in der ein Verb steht. Im Deutschen gibt es die folgenden Tempora: Präsens (Ich sehe.), Präteritum (Ich sah.), Perfekt (Ich habe gesehen.), Plusquamperfekt (Ich hatte gesehen.), Futur I (Ich werde sehen) und Futur II (Ich werde gesehen haben.).

Subjekt

Das Subjekt ist in der Grammatik der handelnde (oder zentrale) Gegenstand eines Satzes. Subjekt und Prädikat sind (nach schulgrammatischen Maßstäben) die grundlegenden Bestandteile eines jeden klassischen Satzes. Im Satz „Klaus kaut." ist „Klaus" das Subjekt. Im Satz „Der Abend war verregnet." ist „Abend" das Subjekt – der Handlungsbegriff ist also sehr weit auszulegen.

Objekt

Das Objekt ist der Gegenstand, mit dem etwas geschieht. Im Satz „Klaus kaut Kaugummi." ist „Kaugummi" das Objekt, da etwas mit dem Kaugummi geschieht.

Prädikat

Das Prädikat ist die flektierte Form des Verbs in einem Satz. Im Satz „Klaus kaut Kaustangen." ist „kaut" das Prädikat. Jeder klassische Satz muss (nach schulgrammatischen Maßstäben) über ein Prädikat verfügen, um sinnvoll verstehbar zu sein.

Linguistik

Die Linguistik ist die Sprachwissenschaft. Sie befasst sich mit dem formalen Aufbau der Sprache, aber auch mit unterschiedlichsten Aspekten ihrer Verwendung. Neben der allgemeinen Sprachwissenschaft gibt es in jeder Philologie eine eigene Sprachwissenschaft, die sich speziell der jeweiligen Sprache widmet. Die mit der deutschen Sprache befasste Sprachwissenschaft ist die Germanistische Linguistik (auch: Germanistische Sprachwissenschaft), die eine der drei Teildisziplinen der Germanistik ist.

Was ist ein Pixel?

Ein Pixel ist ein winziger Bildpunkt. Digitale Bilder setzen sich aus unzähligen winzigen Pixeln dar. Je mehr Pixel auf einer Fläche dargestellt werden, desto schärfer, detaillierter und hochwertiger wird das Bild angezeigt. Eine Bildschirmauflösung wird immer in Pixeln angegeben. Aussagekräftig ist sie nur, wenn auch die Größe des Bildschirms, die in Zoll angegeben wird, bekannt ist.

Wofür steht LCD?

LCD steht für „Liquid Crystal Display", also für Flüssigkristallanzeige. Ein LCD-Display (im Grunde müsste es „LC-Display" oder schlicht „LCD" heißen) besteht also aus Flüssigkristallen.

Was ist HD?

HD steht für „High Definition", also für eine hohe Auflösung.

Wann wurde das Automobil erfunden?

Das Auto, Kurzform von Automobil (altgriechisch: selbstbeweglich), wurde zu Beginn des 19. Jahrhunderts erfunden. Zu dieser Zeit waren erste Dampfkraftwagen und Dampfomnibusse unterwegs. Ab 1881 gab es auch Elektroautos. Als Erfindungsjahr des modernen Automobils gilt jedoch das Jahr 1886, in welchem Carl Benz seinen ersten PKW mit Verbrennungsmotor baute und medienwirksam inszenierte.

Wann wurde das Telefon erfunden?

Zu Beginn des 19. Jahrhunderts wurde viel mit Magnetismus und elektrischem Strom experimentiert. Viele Forscher und Erfinder versuchten in dieser Zeit, die menschliche Stimme mit Hilfe elektrischen Stroms über längere Distanzen zu übertragen. Wann genau und von wem genau das Telefon dabei erfunden wurde, ist umstritten. Es kann jedoch festgehalten werden, dass im 19. Jahrhundert mehrere Menschen unabhängig Apparate entwickelten, die einem modernen Telefon in der Funktionsweise ähnelten. So präsentierte Innocenzo Manzetti 1844 einen Apparat, der die menschliche Stimme einen halben Kilometer weit übertragen konnte. Antonio Meucci entwickelte einen Stimmübertrager (der Überlieferung zufolge für seine Frau, die ihr Zimmer krankheitsbedingt nicht verlassen konnte) und präsentierte ihn im Jahr 1860 öffentlich. Zur Patentanmeldung kam es nicht, da ihm die nötigen finanziellen Mittel fehlten. Der Physik- und Mathematiklehrer Johann Philipp Reis führte den Mitgliedern des Physikalischen Vereins in Frankfurt am Main einen von ihm entwickelten Fernsprecher vor, den er bis 1863 weiterentwickelte und dann in größerer Stückzahl produzieren und verkaufen ließ. Auch Elisha Gray, ein US-amerikanischer Lehrer und Erfinder, entwickelte ein Telefon, scheiterte jedoch mit der Patentanmeldung, da Alexander Graham Bell, der wohl von der Absicht der Patentanmeldung erfahren hatte, kurz zuvor in aller Eile ein Patent für ein ähnliches Gerät eingereicht hatte, das technisch jedoch keineswegs ausgereift war. Bell gilt heute weithin als Erfinder des Telefons – seine Rolle ist dabei strittig, da er bei der Entwicklung auf die Konzepte Meuccis und Reis' zurückgriff und sich mutmaßlich an den Ideen Grays, mit dem er einen juristischen Streit führte, bediente, um sein wenig ausgereiftes Konzept erheblich zu verbessern und praxistauglich zu machen. Nachgewiesen werden konnte ihm das jedoch nie.

Wie funktioniert USB?

„USB" steht für „Universal Serial Bus", ist demnach also ein universelles, serielles Bussystem. Bussysteme sind in der Computertechnik Übertragungssysteme zwischen zwei Datenträgern, bei denen beide den gleichen Übertragungsweg nutzen. Bei einem solchen System werden einzelne Bits (das sind kleinste Speichereinheiten) nacheinander übertragen. Jede dieser Speichereinheiten enthält dabei einen Teil der Daten, die übertragen werden sollen. Dieses spezielle Bussystem wird von unterschiedlichsten Geräten genutzt – etwa von

Druckern, Mäusen, Computern, Speichersticks usw. Es ist einer der beliebtesten Standards der Datenübertragung. Mit dem Standard „USB 3.1", der 2014 eingeführt wurde, können 4,8 GBit (das sind 5.153.960.755,2 Bits) pro Sekunde übertragen werden. Der erste USB-Standard übertrug lediglich 10.000 Bits pro Sekunde.

Was ist ein Hybridmotor?

Ein Hybridmotor ist ein Motor, der mehrere Antriebssysteme vereint. Heute wird damit in der Regel ein Benzin-Elektro-Hybrid bezeichnet, früher bezeichnete der Begriff eher Benzin-Diesel-Hybride. Tatsächlich handelt es sich dabei jedoch nicht um Hybride – das Auto ist stattdessen mit zwei unterschiedlichen Motoren ausgestattet, die aufeinander abgestimmt sind.

Wie unterscheiden sich SSD und HDD?

Eine HDD ist eine gewöhnliche Festplatte, die in der Regel aus einer Magnetplatte und mindestens einem Lesekopf, welcher an einem Schwungarm befestigt ist, besteht. Der Lesekopf fährt über die Platte und liest dabei die gespeicherten Daten aus. Eine SSD hingegen verzichtet auf mechanisches Auslesen und setzt stattdessen auf sog. Flashspeicher, bei dem Speichereinheiten in Form von elektrischer Ladung in Speicherzellen gespeichert werden. Die SSD bietet gegenüber der HDD zwei Vorteile: Sie ist aufgrund des Fehlens mechanischer Ausleseteile sehr robust und außerdem bedeutend schneller. Die HDD ist hingegen wesentlich günstiger.

Wann wurde das Internet eingeführt?

In der ursprünglichen Bedeutung meint „Internet" nicht bloß das World Wide Web, sondern jede Verknüpfung zwecks Datenkommunikation zwischen mehreren Rechnern. Eine erste solche Verknüpfung wurde bereits 1962 mit dem

Arpanet eingeführt, mit dem die Rechner verschiedener Forschungsinstitute in den USA miteinander verbunden wurden. Mit unserem heutigen WWW hatte dieses Arpanet jedoch wenig gemein. Die Geburtsstunde des Word Wide Webs ist im Jahr 1989 zu verorten. Tim Berners-Lee entwickelte es am Schweizer Forschungsinstitut CERN; er führte sowohl die Programmiersprache HTML als auch den http-Standard und die noch heute gültige URL-Form ein. Zielgruppe war damals jedoch keineswegs die breite Öffentlichkeit; die Erfindung richtete sich vielmehr an einen Kreis von Wissenschaftlerinnen und Wissenschaftlern – der Austausch zwischen diesen sollte über Landesgrenzen hinweg unkompliziert erfolgen können.

Wie funktioniert GPS?

GPS ist aus dem Alltag kaum mehr wegzudenken. Navigationsgeräte, Smartphones, Tablets und Co greifen auf diesen Ortungsdienst zurück, um Routen berechnen oder ortsspezifische Suchergebnisse anzeigen zu können. Entwickelt wurde GPS dabei ursprünglich für militärische Zwecke vom US-Militär. In der Erdumlaufbahn befinden sich etliche GPS-Satelliten. Soll der Standort eines GPS-Geräts bestimmt werden, nimmt es Kontakt zu mindestens vier dieser Satelliten auf. Anhand der Position der Satelliten und der Zeit, die das Signal von ihnen bis zum Gerät benötigt, wird der Standort ermittelt. Je größer die Zahl der Satelliten ist, zu denen das Gerät Kontakt aufnehmen kann, desto genauer ist die Standortbestimmung.

Wann wurde die Glühbirne erfunden?

Die Glühbirne wurde 1854 von Heinrich Göbel erfunden, der bereits seit 1837 an einer solchen arbeitete. Zunächst hatte er mit Lichtbögen experimentiert, dann mit Glühdrähten. Schlussendlich nutzte er Bambusfasern, die er in der Lampe zum Glühen brachte.

Wann fuhr die erste Straßenbahn in Deutschland?

Die Straßenbahn wurde 1881 von Werner von Siemens erfunden. Ein Vorläufer wurde bereits zwei Jahre zuvor in Berlin präsentiert, wurde jedoch kaum beachtet. 1881 jedoch ging die erste Straßenbahn in Betrieb.

Wie funktionieren Röntgengeräte?

Wilhelm Conrad Röntgen entdeckte 1895 zufällig die Röntgenstrahlung. Bei einem Experiment entdeckte er Licht, das an der Stelle der Entdeckung nach bisherigem Kenntnisstand nicht hätte auftreten sollen. Er machte die Röntgenstrahlen dafür verantwortlich und ist der erste Mensch, der sie umfassend wissenschaftlich untersucht. Beobachtet wurden sie bereits vor ihm von mehreren anderen Menschen, die sie jedoch nicht weiter untersuchten. Röntgenstrahlen können Materie durchdringen. Besonders feste Strukturen absorbieren die Strahlung besonders stark und sorgen auf Belichtungsaufnahmen daher für weiße Schatten. Röntgengeräte machen sich diesen Umstand zunutze.

Wann wurde das Fernsehen erfunden?

Erste technische Entwicklungen, die dem Fernsehen den Weg ebneten, stammten von Paul Nipkow (1883), Max Dieckmann (1906), Boris Rosing (1907), Kálmán Tihanyi (1926), Leon Theremin (1927), Vladimir Zworykin (1923; Produktion ab 1934) und Philo Farnsworth (1927). Kenjiro Takayanagi gelang 1926 eine Bildübertragung auf vollständig elektronischem Wege. John Logie Baird gelang daran anknüpfend 1928 die erste transatlantische Bildübertragung. Manfred von Ardenne gelang 1930 die erste Fernsehübertragung mit rein elektronischer Bildzerlegung und -wiedergabe bei zeilenweiser Abtastung über eine Photozelle und Wiedergabe auf einer Kathodenstrahlröhre.

Wann wurde der Computer erfunden?

Vorläufer des heutigen Computers sind mechanische Rechenmaschinen. Die erste, die dem heutigen Computer einigermaßen nahekommt, wurde ab 1822 von Charles Babbage entwickelt. Konrad Zuse entwickelte 1941 mit der Z3 den ersten funktionsfähigen Digitalrechner, der universell programmierbar (turingfähig) war. Der erste PC, der größen- und funktionstechnisch für den persönlichen Alltagsgebrauch geeignet war, erschien erst etwa 30 Jahre später.

Seit wann gibt es Chipkarten?

Das erste Chipkartenpatent wurde 1967 von Helmut Gröttrup angemeldet. Er gilt als Erfinder der Chipkarte. Weitere maßgebliche Entwickler sind Jürgen Dethloff und Roland Moreno.

Was ist der Kapitalismus und wie funktioniert er?

Der Kapitalismus ist eine Wirtschafts- und Gesellschaftsform, bei der der Markt idealerweise wenig bis gar nicht reguliert wird und Produktionsmittel in Privatbesitz befindlich sind. Die einzelnen wirtschaftlichen Akteure treten in einen freien Wettkampf. Alle Akteure des kapitalistischen Marktes streben dabei nach Gewinn, sie wollen also ihr Kapital mehren. Regulieren soll der Markt sich über Angebot und Nachfrage selbst. Typischerweise werden erzielte Gewinne reinvestiert, um weitere, noch größere Gewinne einzufahren. Ein kapitalistisches System ist auf beständiges Wachstum und beständige Gewinnvermehrung angewiesen, um funktionieren zu können.

Das kapitalistische System ist im Grunde seit seinem Bestehen gewisser Kritik ausgesetzt. So werden etwa eine Unterdrückung der einfachen Arbeiterinnen und Arbeiter, die Gewinn und Wohlstand vor allem für andere erwirtschaften, die Vernachlässigung ethischer und sozialer Aspekte bei blindem Gewinn- und Maximierungsstreben, der Privatbesitz an Produktionsmitteln als Katalysator von Ungleichheit oder die Unfreiheit der Menschen, die in kapitalistischen Gesellschaften genötigt sind, sich dem System zu fügen, um überleben zu können, als Kritikpunkte am Kapitalismus als Gesellschafts- und Wirtschaftsordnung angeführt.

Was ist Neoliberalismus?

Der Neoliberalismus ist eine uneinheitliche kapitalistische Denkrichtung, die eine freie marktwirtschaftliche Wirtschafts- und Gesellschaftsordnung anstrebt, in der staatliche Eingriffe und Regulationen nicht völlig abgeschafft, aber auf ein Minimum reduziert sind. In den allermeisten kapitalistischen Ländern werden die Prinzipien des Neoliberalismus mehr oder weniger stark umgesetzt.

Wodurch ist die Freie Marktwirtschaft gekennzeichnet?

Die Freie Marktwirtschaft ist Grundmerkmal des Kapitalismus und wird als Begriff teilweise synonym verwendet.

Was zählt zum Kapital und was geschieht damit?

Kapital ist in der Volkswirtschaftslehre neben Arbeit und Boden eines der drei Produktionsmittel. Zu ihm werden also alle Mittel gerechnet, die zur Erzeugung von Gütern oder zum Anbieten von Dienstleistungen eingesetzt werden und weder Arbeit noch Boden sind. In diesem Sinne sind etwa Arbeitsmaschinen, Gebäude, Geld aber im Sinne der Wirtschaftswissenschaften auch Mitarbeitende als sog. Humankapital, welches dann Arbeit als weiteres Produktiosnmittel zur Verfügung stellt, Kapital.

Was bedeutet Brutto?

Bruttowerte sind immer Gesamtwerte vor bzw. ohne Abzug von Steuern.

Was bedeutet Netto

Nettowerte sind immer Werte nach Abzug von Steuern.

Was ist eigentlich Geld?

Geld ist ein allgemein anerkanntes Tausch- und Zahlungsmittel. Früher war Geld gold- oder anderweitig rohstoffgedeckt – es erhielt seinen Wert also dadurch, dass es immer gegen eine bestimmte Menge eines Rohstoffs getauscht werden konnte, dem die Allgemeinheit die Eigenschaft eines bestimmten Werts zuschrieb. Heute ist dem nicht mehr so. Das heutige Geld erhält seinen Wert nicht mehr dadurch, dass ein Rohstoff, dem ein Wert zugeschrieben wird, für den es bürgt. Stattdessen wird ihm selbst direkt ein Wert zugeschrieben.

Was wird als Ware verstanden?

Als Ware wird in der Wirtschaftswissenschaft ein materielles Wirtschaftsgut bezeichnet, welches Gegenstand des Warenhandels ist.

Was sind Produktionsmittel?

Als Produktionsmittel werden in der Volkswirtschaftslehre die Mittel bezeichnet, die nötig sind bzw. eingesetzt werden, um Güter zu erzeugen oder Dienstleistungen anzubieten. Hierzu zählen Arbeit, Boden und Kapital.

Was ist eine Inflation?

Eine Inflation ist ein Prozess, bei dem es zu massiven Preissteigerungen und damit einhergehend zu einem massiven Wertverlust des Geldes kommt. Die Kaufkraft sinkt also. In Deutschland fand im Jahr 1923 eine extreme Inflation statt – ein Frühstücksei kostete zeitweise 320 Milliarden Mark.

Was ist ein Kredit?

Als Kredit wird die zeitweise Übertagung von Geld bezeichnet, das nach Ablauf einer bestimmten Zeit zurückgezahlt werden muss. In der Regel verlangt der Kreditgeber vom Kreditnehmer eine Gegenleistung, also Zinsen.

Wodurch zeichnet sich Gewinn aus und wodurch unterscheidet er sich vom Umsatz?

Als Gewinn wird die Summe an Geld bezeichnet, die einem Unternehmen oder einer unternehmerischen Einzelperson vom Umsatz nach Abzug von Ausgaben bleibt. Formelhaft: Umsatz – Ausgaben = Gewinn.

Was ist Umsatz?

Als Umsatz wird die Gesamtheit der Einnahmen eines Unternehmens oder einer unternehmerischen Einzelperson bezeichnet.

Was ist ein Zins?

Der Zins ist eine in Prozenten berechnete Größe, die eine Person von einer bestimmten Summe erhält oder zahlen muss. Wird der Zins erhalten, handelt es sich bei der Geldsumme in der Regel um eine Anlage oder einen vergebenen Kredit. Wird der Zins bezahlt, handelt es sich bei der Geldsumme in der Regel um einen aufgenommenen Kredit.

Wieso pochen alle auf Wirtschaftswachstum?

Als Wirtschaftswachstum wird allgemein die Zunahme der Wirtschaftsleistung eines bestimmten Gebildes in einem bestimmten Zeitraum bezeichnet. Gemessen wird das Wirtschaftswachstum in der Regel anhand der Entwicklung des Bruttoinlandsprodukts oder des Bruttosozialprodukts. In kapitalistischen Systemen ist ständiges Wirtschaftswachstum nötig, um einen Zusammenbruch des Systems zu verhindern. Der Kapitalismus setzt zentral auf immer weiteres Wachstum, das gleichzeitig sein Ziel ist – eine kapitalistische Wirtschaft wächst, um zu wachsen. Ist kein Wachstum mehr vorhanden, ist das System folglich gescheitert.

Was soll ein Bullenmarkt sein?

Von einem Bullenmarkt wird gesprochen, wenn die Kurse an der Börse anhaltend steigen. Er wird auch als Hausse bezeichnet.

Was ist der Bärenmarkt?

Von einem Bärenmarkt wird gesprochen, wenn die Kurse an der Börse anhaltend fallen. Er wird auch als Baisse bezeichnet.

Was ist das Bruttoinlandsprodukt?

Das Bruttoinlandsprodukt (BIP) gibt den Wert der in einem Jahr im Inland produzierten Waren und absolvierten Dienstleistungen an, wobei nur solche Waren und Dienstleistungen einberechnet werden, die nicht als Vorleistung für die Produktion einer anderen Ware oder Dienstleistung zu verstehen sind. Das einfache BIP, das nicht von Inflations- und Deflationswirkung bereinigt ist, wird als nominales BIP bezeichnet. Das reale BIP hingegen ist von Inflations- und Deflationswirkungen bereinigt.

Was ist das Bruttosozialprodukt?

Das Bruttosozialprodukt gibt den Wert aller Waren und Dienstleistungen, die von Bürgerinnen und Bürgern eines bestimmten Landes in einem Jahr produziert wurden an und zwar unabhängig vom Ort, an dem die Bürgerinnen und Bürger des Landes gewirkt haben. Es unterscheidet sich damit vom BIP, welches Bezug auf eine bestimmte geographische Region nimmt.

Was ist Freihandel?

Als Freihandel wird ein internationaler freier Handel zwischen mindestens zwei Staaten ohne Beschränkungen oder Handelshemmnisse bezeichnet.

Wofür sind Aktien eigentlich gut?

Eine Aktie ist ein Wertpapier, welches den Besitz eines Anteils an einer Aktiengesellschaft oder einer Kommanditgesellschaft auf Aktien bescheinigt. Wer eine Aktie eines Unternehmens besitzt, besitzt also einen Anteil dieses Unternehmens.

Was sind Steuern eigentlich?

Eine Steuer ist eine Abgabe, die von einem Staat oder einem ähnlichen Gebilde erhoben wird, ohne eine direkte Gegenleistung zu bieten. Was besteuert wird, obliegt dabei der Entscheidung des Besteuernden.

Was macht die Deutsche Bundesbank?

Die Deutsche Bundesbank ist die deutsche Zentralbank. In dieser Funktion verwaltet sie die Bargeldreserven des Bundes, stellt Bargeld her und bringt es in Umlauf, ist an der Bankenaufsicht beteiligt, ist mit dem Ziel der Preisstabilität und der Abwendung von Finanzkrisen im Bereich der Geldpolitik tätig und gibt Banken die Möglichkeit, gerade nicht gebrauchtes Geld einzulagern. Auch die Überwachung des Zahlungsverkehrs in Deutschland zählt zu den Aufgaben der Deutschen Bundesbank.

Was ist die Aufgabe der Europäischen Zentralbank?

Die Europäische Zentralbank fungiert als Zentralbank der EU. In dieser Funktion nimmt sie unterschiedlichste Aufgaben wahr. So ist sie etwa maßgeblich an der Geldpolitik in der EU beteiligt und soll mit dieser Preisstabilität und Wirtschaftswachstum gewährleisten. Darüber hinaus hält sie Währungsreserven bereit, stellt Zahlungsverkehrssysteme zur Verfügung und sorgt für die reibungslose Abwicklung von Geldgeschäften. Auch die Überwachung des Zahlungsverkehrs in der EU zählt zu den Aufgaben der Europäischen Zentralbank.

Wie funktioniert eine Versicherung?

Einer Versicherung liegt das Prinzip der kollektiven Risikoübernahme zugrunde. Viele Menschen zahlen Geld an eine Stelle, die einem definierten Schadensfall die aus dem Schaden resultierenden Kosten übernimmt. Das Risiko wird also vom Einzelnen gegen Zahlung eines geringen Betrags an einen Versicherer abgetreten, der sich dadurch finanziert, dass viele Einzelne sich gegen ein Risiko absichern, das nur bei wenigen tatsächlich eintritt.

Was ist die Makroökonomik?

Die Makroökonomik ist eines der beiden großen Teilgebiete der Volkswirtschaftslehre. Sie befasst sich mit dem Verhalten der gesamten Volkswirtschaft.

Was ist die Mikroökonomik?

Die Mikroökonomik ist neben der Makroökonomik das zweite große Teilgebiet der Volkswirtschaftslehre. Sie befasst sich mit dem Verhalten des einzelnen Wirtschaftssubjekts.

Was beschreibt die Betriebswirtschaftslehre?

Die Betriebswirtschaftslehre ist die Disziplin der Wirtschaftswissenschaften, die sich mit den wirtschaftlichen Abläufen in einem Unternehmen bzw. mit dem wirtschaftlichen Handeln eines Unternehmens befasst.

Was beschreibt die Volkswirtschaftslehre?

Die Volkswirtschaftslehre ist die Disziplin der Wirtschaftswissenschaften, die sich mit gesamtwirtschaftlichen Zusammenhängen befasst.

Was ist Soziale Marktwirtschaft?

Die Soziale Marktwirtschaft ist ein kapitalistisches Wirtschafts- und Gesellschaftssystem, das sich durch eine weitgehend freie Marktwirtschaft, die durch regulatorische staatliche Eingriffe, welche auf soziale Sicherung der Bürgerinnen und Bürger abzielen, teilweise eingeschränkt wird. Die Soziale Marktwirtschaft will damit Kapitalismus und Sozialstaat verbinden. Sie ist offiziell Wirtschafts- und Gesellschaftssystem in Deutschland und Österreich, wobei die genaue Ausgestaltung im Laufe der Zeit massiv schwankte. Heute ist die Marktwirtschaft in Deutschland beispielsweise weitaus stärker kapitalistisch-neoliberal organisiert als nach der Gründung der Bundesrepublik. Besonders seit Mitte der 1990er-Jahre ist eine starke Entstaatlichung und Privatisierung zu beobachten, womit eine Verschiebung weg von der Sozialen und hin zur weitgehend unregulierten Freien Marktwirtschaft erfolgt.

Was zeichnet die Planwirtschaft aus?

Die Planwirtschaft (auch: Zentralverwaltungswirtschaft) ist das Gegenstück zur freien Marktwirtschaft. Alle wirtschaftlichen Entscheidungen werden hier von einer ordnenden Instanz getroffen. Der Markt ist also völlig reguliert. Absichten hinter planwirtschaftlichen Systemen sind in der politischen und Wirtschaftstheorie in aller Regel Verteilungsgleichheit und soziale Sicherung.

Die Planwirtschaft wird vielfach kritisiert. Ihr wird etwa vorgehalten, nicht demokratisch zu sein, die Freiheit der Individuen massiv zu beschränken, unflexibel zu sein oder technologischen Fortschritt zu blockieren.

Wodurch ist der Kommunismus gekennzeichnet?

Der Kommunismus ist eine politische Theorie, die auf eine zentral gelenkte Ordnung von Wirtschaft und Gesellschaft setzt. Ziel des Kommunismus ist die Gleichheit aller Individuen, die durch kollektives Gemeineigentum und Klassenlosigkeit der Gesellschaft erreicht werden soll. Wirtschaftlich zeichnet der Kommunismus sich durch Planwirtschaft und das Fehlen von Privateigentum an Produktionsmitteln aus.

Der Kommunismus wird von unterschiedlichen Seiten kritisiert. So wurde ihm etwa vielfach attestiert, die Freiheit der Individuen massiv zu beschränken, da sie sich dem Kollektiv zu unterwerfen haben. Von kapitalistischer Seite wird ferner auf praktische Probleme der kommunistischen Wirtschaft hingewiesen: Einer Zentralverwaltungswirtschaft fehlten Anreize, die zu Wachstum und Fortschritt führen, da der für sie nötige Wettbewerb verhindert wird.

Ein weiterer Kritikpunkt richtet sich auf das im Kommunismus in der Regel in Berufung auf Karl Marx vertretene Geschichtsbild des dialektischen Materialismus: Marx zufolge ist die Weltgeschichte als teleologisch zu verstehen. Sie läuft demnach über die Zwischenstufen Kapitalismus und Sozialismus auf den Kommunismus und die klassenlose Gesellschaft von Gleichen zu. Dieses teleologische Geschichtsbild ist unverkennbar ein quasi-religiöses Erlösungsnarrativ und als solches kritikwürdig.

Des Weiteren kann die Praxis des Übergangs zum Kommunismus, die in der Vergangenheit in beinahe jedem Fall eine gewalttätige war als solche kritisiert werden.

Was ist Sozialismus und wie ist er vom Kommunismus abzugrenzen?

Die Begriffe Sozialismus und Kommunismus sind in der Praxis kaum scharf abzugrenzen. Nach Karl Marx ist der Sozialismus eine Übergangsform vom Kapitalismus zum Kommunismus, in welchem die klassenlose Gesellschaft noch nicht erreicht ist. Stattdessen findet eine bloße Umkehr der kapitalistischen Herrschaftsverhältnisse statt; es herrscht also eine Herrschaft des Proletariats über die kapitalistische Oberschicht. In der bisher erfolgten praktischen Umsetzung unterscheiden die Systeme des Sozialismus und des Kommunismus sich nicht. Auch das trägt zur begrifflichen Unschärfe bei.

Was ist der DAX?

Der DAX ist der deutsche Aktienindex. Im Dax sind die umsatzstärksten deutschen Aktienunternehmen vertreten. Er gibt damit die Wertentwicklung dieser Unternehmen wieder und lässt damit Rückschlüsse auf die Entwicklung der Wirtschaft in Deutschland zu.

Welche Unternehmensformen gibt es in Deutschland und wodurch zeichnen sie sich aus?

GmbH: Die wohl bekanntesten Unternehmensform in Deutschland ist die GmbH, die Gesellschaft mit beschränkter Haftung. Die GmbH ist als Kapitalgesellschaft eine juristische Person, die ins Handelsregister eingetragen werden muss. Das Stammkapital muss mindestens 25.000 Euro betragen.

AG: Die Aktiengesellschaft ist eine Kapitalgesellschaft und eine juristische Person. Sie muss ins Handelsregister eingetragen sein und über mindestens 50.000 Euro Stammkapital verfügen.

Einzelunternehmen: Ein Einzelunternehmen besteht aus einer einzelnen Person, die selbstständig tätig aber kein Freiberufler ist.

GbR: Die Gesellschaft bürgerlichen Rechts ist eine einfache Personengesellschaft. Mindestens zwei juristische oder natürliche Personen schließen sich zur GbR zusammen. Weitere Voraussetzungen der Gründung existieren nicht. Alle Gesellschafter haften unbeschränkt mit ihrem Privatvermögen.

OHG: Die offene Handelsgesellschaft unterscheidet sich nur durch ihren Handelsregistereintrag, die Pflicht zur Offenlegung der Bilanzen und durch freie Namenswahl von der GbR.

KG: Die Kommanditgesellschaft ist der OHG sehr ähnlich. Die Gesellschafter der KG teilen sich jedoch in Komplementäre und Kommanditisten auf. Während der Komplementär genauso auftritt wie der Gesellschafter der OHG, haftet der Kommanditist nur in Höhe seiner Einlagen und hat keine Führungs- und Entnahmerechte.

UG (haftungsbeschränkt): Die haftungsbeschränkte Unternehmergesellschaft ist gewissermaßen eine Art Mini-GmbH. Der Unterschied zur GmbH besteht darin, dass das Stammkapital nur einen Euro betragen muss. Der Unternehmensgewinn soll in den ersten Jahren jedoch genutzt werden, um die Einlage aufzustocken und so zur GmbH werden zu können.

eG: Die eingetragene Genossenschaft ist eine selten vorkommende Unternehmensform, die von mindestens drei Personen gegründet werden und über ein Statut, eine Satzung, verfügen muss. Sie wird ins Genossenschaftsregister eingetragen und muss nicht über ein Mindestkapital verfügen. Die Anteilseigner müssen in der Regel nicht mit ihrem Privatvermögen haften.

GmbH & Co KG: Diese Gesellschaftsform ist eine Kommanditgesellschaft, deren Komplementär eine GmbH ist. So sollen die Vorteile der Kommanditgesellschaft bei gleichzeitiger Beschränkung der persönlichen Haftung genutzt werden.

KGaA: Bei der Kommanditgesellschaft auf Aktien handelt es sich um eine Mischform aus KG und AG. Im Grunde handelt es sich um eine AG, die nicht von einem Vorstand, sondern von persönlich haftenden Komplementären geführt wird. Die Aktionäre nehmen die Rolle von Kommanditisten ein.

Was ist ein Fonds?

Ein Investmentfonds ist zunächst ein Pool aus Geld, der von Anlegerinnen und Anlegern stammt. Das Management des Fonds kauft von diesem Geld Aktien, Anleihen u.ä. So entsteht ein Pool aus Aktien, die vom Fondsmanagement verwaltet werden. Die Anlegerinnen und Anleger besitzen Anteile am Fonds, also am Pool.

Was ist ein ETF?

Ein ETF ist ein Fonds, der einen Aktienindex möglichst genau nachbildet. Die Kaufentscheidungen werden also nicht vom Management getroffen, sondern richten sich nach der Entwicklung des Aktienindex, der nachgebildet werden soll. Der größte Vorteil für Anlegerinnen und Anleger besteht darin, dass die Managementgebühr eingespart werden kann.

Allgemeinwissen To Go

Karsten Spohr

2. Auflage

Allgemeinwissen To Go

© Karsten Spohr

Email: karsten.spohr@deine-anfrage.com

Rechts- und Schadenersatzansprüche sind ausgeschlossen. Das Werk inklusive aller Inhalte wurde unter größter Sorgfalt erarbeitet. Dennoch können Druckfehler und Falschinformationen nicht vollständig ausgeschlossen werden. Der Verlag und auch der Autor übernehmen keine Haftung für die Aktualität, Richtigkeit und Vollständigkeit der Inhalte des Buches, ebenso nicht für Druckfehler. Es kann keine juristische Verantwortung sowie Haftung in irgendeiner Form für fehlerhafte Angaben und daraus entstandenen Folgen vom Verlag bzw. Autor übernommen werden. Für die Inhalte von den in diesem Buch abgedruckten Internetseiten sind ausschließlich die Betreiber der jeweiligen Internetseiten verantwortlich.

Inhalte von Internetseiten, die von diesem Buch aus verlinkt wurden, können sich ändern, ohne dass der Autor davon Kenntnis erhält. Von Inhalten und Gestaltungen von über Links zu erreichenden Seiten, die nach der Linksetzung verändert wurden, distanzieren wir uns daher ausdrücklich und lehnen jede Verantwortung ab, sollten diese gegen Gesetze / Rechtsvorschriften oder ähnliches verstoßen. Die Meinung von verlinkten Seiten kann, muss aber nicht unsere Meinung darstellen, selbst dann nicht, wenn diese allen Gesetzen und Vorschriften Genüge tun.

Deutsche Erstausgabe Januar 2020
Überarbeitete Version April 2020
Copyright 2020 © Karsten Spohr
Das Werk einschließlich aller seiner Teile ist urheberrechtlich geschützt. Jede Verwertung außerhalb der engen Grenzen des Urheberrechtsgesetzes ist ohne Zustimmung des Verlages unzulässig und strafbar. Das gilt insbesondere für Vervielfältigungen, Übersetzungen, Mikroverfilmungen und die Einspeicherung und Verarbeitung in elektronischen Systemen.

Autor: Karsten Spohr
Lektorat: Anja Finkenbein
Grafikdesign: Camilla Nguyen
Druck: Amazon Media EU SARL
Société à responsabilité limitée
38 avenue John F. Kennedy
L-1855 Luxemburg
Kontakt: Kevin Rajkowski
Wendelinusstraße 39
D-76676 Graben-Neudorf

Gedruckt auf alterungsbeständigem, säurefreiem Papier

www.ingramcontent.com/pod-product-compliance
Lightning Source LLC
Chambersburg PA
CBHW060834220526
45466CB00003B/1101